环境监测与环境管理探究

王宇 王沙 高艳 ◎著

U0323441

中国出版集团

中译出版社

图书在版编目（CIP）数据

环境监测与环境管理探究／王宇，王沙，高艳著
. -- 北京：中译出版社，2023. 12
　ISBN 978-7-5001-7709-8

　Ⅰ.①环… Ⅱ.①王… ②王… ③高… Ⅲ.①环境监
测-研究②环境管理-研究 Ⅳ.①X83②X32

　中国国家版本馆 CIP 数据核字（2024）第 022059 号

环境监测与环境管理探究

HUANJING JIANCE YU HUANJING GUANLI TANJIU

著　　者：王　宇　王　沙　高　艳
策划编辑：于　宇
责任编辑：于　宇
文字编辑：田玉肖
营销编辑：马　萱　钟筏童
出版发行：中译出版社
地　　址：北京市西城区新街口外大街 28 号 102 号楼 4 层
电　　话：（010）68002494（编辑部）
邮　　编：100088
电子邮箱：book@ctph.com.cn
网　　址：http://www.ctph.com.cn

印　　刷：北京四海锦诚印刷技术有限公司
经　　销：新华书店
规　　格：787 mm × 1092 mm　1/16
印　　张：12.5
字　　数：249 千字
版　　次：2025 年 1 月第 1 版
印　　次：2025 年 1 月第 1 次印刷

ISBN 978-7-5001-7709-8　　定价：68.00 元

前　言

随着社会经济的快速发展，地球上的环境污染问题也越来越严重。环境已成为我们广泛关注的对象，环境保护成为一项重要工作。在环境保护工作开展的过程中，环境监测可以说是最基础的工作，能有效地促进环境保护工作的顺利进行。面对日益严峻的生态环境形势，社会大众对环境保护的关注度不断提高。

近年来，党和国家对环境管理提出新任务、新要求。中央多项文件中也提出环境质量、生态质量、污染源监测全覆盖，建设"陆海统筹、天地一体、上下协同、信息共享的生态环境监测网络"，补齐生态短板，强化环境保护监管，加强生态保护修复监督评估。因此，环境监测正从一般意义上的环境污染因子监测开始向生态环境监测过渡和拓宽。除了常见的各类污染因子外，由于人为因素影响，灾害性天气增加，森林植被锐减，水土流失严重，土壤沙化加剧，洪水泛滥，沙尘暴、泥石流频发，酸沉降等产生的环境问题也是今后监测和关注的重点。在经济建设过程中一定要做好环境保护工作。

本书主要研究环境监测与环境管理。从环境监测基本概念入手，对水和废水监测、大气和废气监测、土壤监测、环境噪声源监测进行了探究，对生态监测技术做了简单的讲解，最后对环境管理提出了一些建议，为相关工作人员提供参考借鉴。

本书在创作过程中参考了相关领域诸多的著作、论文、教材等，引用了国内外部分文献和相关资料，在此一并向其作者表示诚挚的谢意和致敬。由于时间及能力所限，对一些相关问题的研究还不够透彻，文中难免有不妥与遗漏之处，恳请前辈、同人以及广大读者斧正。

目 录

第一章　环境监测基本概念

第一节　环境监测的含义

一、环境监测的目的、分类、原则及特点

环境监测（Environmental Monitoring）是指运用化学、生物学、物理学及公共卫生学等方法，间断或连续地测定代表环境质量的指标数据，研究环境污染物的检测技术，监视环境质量变化的过程。

环境监测是环境科学的一个分支学科，是随环境问题的日益突出及科学技术的进步而产生和发展起来的，并逐步形成系统的、完整的环境监测体系。

随着工业和科学的发展，环境监测的内容也由工业污染源监测，逐步发展到对大环境的监测。监测对象不仅有影响环境质量的污染因子，还包括对生物、生态变化的监测。

为了全面、确切地表明环境污染对人群、生物的生存和生态平衡的影响程度，做出正确的环境质量评价，现代环境监测不仅要监测环境污染物的成分和含量，还要对其形态、结构和分布规律进行监测。

（一）环境监测的目的

环境监测的目的是准确、及时、全面地反映环境质量现状及发展趋势，为环境管理、污染源控制、环境规划等提供科学依据。具体可归纳如下：①根据环境质量标准，评价环境质量。②根据污染分布情况，追踪寻找污染源，为监督管理、控制污染提供依据。③收集本地数据，积累长期监测资料，为研究环境容量，实施总量控制、目标管理、预测预报环境质量提供数据。④为保护人类健康、保护环境、合理使用自然资源，制定环境法规、标准、规划等服务。

（二）环境监测的分类

环境监测可按其监测对象、监测性质、监测目的等进行分类。

1. 按监测对象分类

按监测对象可分为水质监测、空气和废气监测、土壤监测、固体废物监测、生物污染监测、声环境监测和辐射监测等。

（1）水质监测

水质监测是指对水环境（包括地表水、地下水和近海海水）、工农业生产废水和生活污水等的水质状况进行监测。

（2）空气和废气监测

空气监测是指对环境空气质量（包括室外环境空气和室内环境空气）进行的监测。废气监测是指对大气污染源（包括固定污染源和移动污染源）排放废气进行的监测。

（3）土壤监测

土壤监测包括土壤质量现状监测、土壤污染事故监测、场地监测、土壤背景值调查等。

（4）固体废物监测

固体废物监测是指对工业产生的有害固体废物、城市垃圾和农业废物中的有毒有害物质进行监测。内容包括危险废物的特性鉴别、毒性物质含量分析和固体废物处理过程中的污染控制分析。

（5）生物污染监测

生物污染监测主要是对生物体内的污染物质进行的监测。

（6）声环境监测

声环境监测是指对城市区域环境噪声、社会生活环境噪声、工业企业厂界环境噪声以及交通噪声的监测。

（7）辐射监测

辐射监测包括辐射环境质量监测、辐射污染源监测、放射性物质安全运输监测以及辐射设施退役、废物处理和辐射事故应急监测等。

2. 按监测性质分类

按监测性质可分为环境质量监测和污染源监测。

（1）环境质量监测

环境质量监测主要是监测环境中污染物的浓度大小和分布情况，以确定环境的质量状况。包括水质监测、环境空气质量监测、土壤质量监测和声环境质量监测等。

（2）污染源监测

污染源监测是指对各种污染源排放口的污染物种类和排放浓度进行的监测。包括各种污水和废水监测，固定污染源废气监测和移动污染源排气监测，固体废物的产生、贮存、处置、利用排放点的监测以及防治污染设施运行效果监测等。

3. 按监测目的分类

（1）监视性监测

监视性监测又叫常规监测或例行监测，是对各环境要素进行定期的经常性的监测。其主要目的是确定环境质量及污染状况，评价控制措施的效果，衡量环境标准实施情况，积累监测数据。其一般包括环境质量的监视性监测和污染源的监督监测，目前我国已建成了各级监视性监测网站。

（2）特定目的监测

特定目的监测又叫特例监测，具体可分为污染事故监测、仲裁监测、考核验证监测和咨询服务监测等。

①污染事故监测。

污染事故发生时，及时进行现场追踪监测，确定污染程度、危害范围和大小、污染物种类、扩散方向和速度，查明污染发生的原因，为控制污染提供科学依据。

②仲裁监测。

主要解决污染事故纠纷，对执行环境法规过程中产生的矛盾进行裁定。纠纷仲裁监测由国家指定的具有权威的监测部门进行，以提供具有法律效力的数据作为仲裁凭据。

③考核验证监测。

主要是为环境管理制度和措施实施考核。其包括人员考核、方法验证、新建项目的环境考核评价、污染治理后的验收监测等。

④咨询服务监测。

主要是为环境管理、工程治理等部门提供服务，以满足社会各部门、科研机构和生产单位的需要。

（3）研究性监测

研究性监测又称科研监测，属于高层次、高水平、技术比较复杂的一种监测，通常由多个部门、多个学科协作完成。其任务是研究污染物或新污染物自污染源排出后，迁移变化的趋势和规律，以及污染物对人体和生物体的危害及影响程度，包括标准方法研制监测、污染规律研究监测、背景调查监测以及综合评价监测等。

此外，按监测方法的原理又可分为化学监测、物理监测、生态监测等；按监测技术的手段可以分为手工监测和自动监测等；接专业部门分类可以分为气象监测、卫生监测、资源监测等。

（三）环境监测的原则

在环境监测中，由于人力、监测手段、经济条件、仪器设备等限制，不可能无选择地监测分析所有的污染物，应根据需要和可能，坚持以下原则：

1. 选择监测对象的原则

①在实地调查的基础上，针对污染物的性质（如物化性质、毒性、扩散性等），选择那些毒性大、危害严重、影响范围广的污染物。②对选择的污染物必须有可靠的测试手段和有效的分析方法，从而保证能获得准确、可靠、有代表性的数据。③对监测数据能做出正确的解释和判断。如果该监测数据既无标准可循，又不能了解对人体健康和生物的影响，会使监测工作陷入盲目的地步。

2. 优先监测的原则

需要监测的项目往往很多，但不可能同时进行，必须坚持优先监测的原则。对影响范围广的污染物要优先监测，燃煤污染、汽车尾气污染是全世界的问题，许多公害事件就是由它们造成的。因此，目前在大气中要优先监测的项目有二氧化硫、氮氧化物、一氧化碳、臭氧、飘尘及其组分、降尘等。水质监测可根据水体功能的不同，确定优先监测项目，如饮用水源要根据饮用水标准列出的项目安排监测。对于那些具有潜在危险，并且污染趋势有可能上升的项目，也应列入优先监测。

（四）环境监测的特点

环境监测涉及的知识面、专业面宽，它不仅要有坚实的化学分析基础，而且还要有足够的物理学、生物学、生态学和工程学等多方面的知识。在做环境质量调查或鉴定时，环境监测也不能回避社会性问题，必须考虑一定的社会评价因素。因此，环境监测具有综合性、持续性、追踪性等特征。

1. 环境监测的综合性

环境监测主体包括对水体、土壤、固体废物、生物体中污染指标的监测，其中污染物种类繁多、成分复杂；监测分析则涉及化学、物理、生物、水文气象和地理学等多方面。而实施环境监测得到的数据，不只是一个个简单的孤立数据，其中还包含大量可探究、可追踪的丰富信息，通过数据的科学处理和综合分析，可以掌握污染物的变化规律以及多种污染物之间的相互影响关系。因此，环境监测的综合性就体现在监测方法、监测对象以及监测数据等综合性方面。判断环境质量仅对目标污染物进行某一地点、某一时间的分析测试是不够的，必须对相关污染因素、环境要素在一定范围、时间和空间内进行多元素、全方位的测定，综合分析数据信息的"源"与"汇"，这样才能对环境质量做出确切、可靠的评价。

2. 环境监测的持续性

环境监测数据具有空间和时间的可比性和历史积累价值，只有在具有代表性的监测点位上持续监测才有可能揭示环境污染的发展趋势和发展轨迹。因此，在环境监测方案的制订、实施和管理过程中应尽可能实施持续监测，并逐步布设监测网络，合理分布空间，提高标准化、自动化水平，积累监测数据，构建数据信息库。

3. 环境监测的追踪性

环境监测数据是实施环境监管的依据，为保证监测数据的有效性，必须严格规范地制订监测方案，准确无误地实施，并全面科学地进行数据综合分析，即对环境监测全过程实施质量控制和质量保证，构建起完整的环境监测质量保证体系。

二、环境监测的方法、内容与含义

（一）环境监测的方法与内容

环境监测的方法与技术包括采样技术、样品前处理技术、理化分析测试技术、生物监测技术、自动监测与遥感技术、数据处理技术、质量保证与质量控制技术等。环境监测的对象与内容包括水污染监测、大气污染监测、土壤污染监测、生物体污染监测、固体废物污染监测、噪声污染监测、放射性污染监测等。每一个监测对象又有各自若干监测指标及监测方法，以树枝和分枝表示。

（二）环境监测技术的含义

1. 常用的环境监测技术

一般来说，环境监测技术包括采样技术、测试技术和数据处理技术。按照测试技术的不同，可将环境监测技术分为现场快速监测技术、采样后实验室分析监测技术、连续自动监测技术和遥感监测技术；按照采样技术的不同，可以将环境监测技术分为手工采样实验室分析技术、自动采样实验室分析技术和被动式采样实验室分析技术；按照监测技术原理的不同，可以将环境监测技术分为物理监测、化学监测、生物监测和生态监测等。

（1）实验室分析技术

目前，实验室对污染物的成分、结构与形态分析主要采用化学分析法和仪器分析法。经典的化学分析法主要有容量法和重量法两类，其中容量法包括酸碱滴定法、氧化还原滴定法、配位滴定法和沉淀滴定法。化学分析法因其准确度高、所需仪器设备简单、分析成本低，所以仍被广泛采用。仪器分析法是以物理和物理化学分析法为基础的分析方法，主要分为光谱分析、电化学分析、色谱分析、质谱法、核磁共振波谱法、流动注射分析以及分析仪器联用技术。光谱分析法常见的有可见分光光度法、紫外分光光度法、红外分光光度法、原子吸收光谱法、原子发射光谱法、原子荧光光谱法、X 射线荧光光谱法和化学发光法等；电化学分析法常见的有电导分析法、电位分析法、电解分析法、极谱法、库仑法等；色谱分析法包括气相色谱（GC）法、高效液相色谱（HPLC）法、离子色谱（IC）、超临界流体色谱（SFC）法以及薄层色谱（TLC）法等；分析仪器联用技术常见的有气相色谱–质谱（GC-MS）联用技术、液相色谱–质谱（LC-MS）联用技术等。

（2）现场快速监测技术

现场快速监测技术主要有试纸法、速测管法、化学测试组件法及便携式分析仪器测试法等。现场快速监测技术主要用来进行污染事故的应急监测。

（3）连续自动监测技术

连续自动监测技术是以在线自动分析仪器为核心，运用自动采样、自动测量、自动控制、数据处理和传输等现代技术，对环境质量或污染源进行 24 小时连续监测。目前，其应用于地表水水质连续自动监测、污水连续自动监测、环境空气质量连续自动监测、固定污染源烟气排放连续自动监测、大气酸沉降连续自动监测、沙尘暴连续自动监测等。

（4）生物监测技术

生物监测技术就是利用植物、动物在污染环境中产生的反应信息来判断环境质量的方法。其常采用的手段包括生物体污染物含量的测定、观察生物体在环境中的受害症状、生物的生理生化反应、生物群落结构和种类变化等。

2. 环境监测技术的发展

早期的环境监测技术以化学分析为主要手段，对测定对象进行间断、定时、定点、局部的分析。这种分析结果不可能适应及时、准确、全面地反映环境质量动态和污染源动态变化的要求。随着科学技术的进步，环境监测技术迅速发展，仪器分析、计算机控制等现代化手段在环境监测中得到了广泛应用。环境监测从单一的环境分析发展到物理监测、生物监测、生态监测、遥感及卫星监测，从间断性监测逐步过渡到自动连续监测。监测范围从一个点或面发展到一个城市，从一个城市发展到一个区域。一个以环境分析为基础，以物理测定为主导，以生物监测为补充的环境监测技术体系已初步形成。

进入 21 世纪以来，随着科技进步和环境监测的需要，环境监测在传统的化学分析技术基础上，发展高精密度、高灵敏度、痕量、超痕量分析的新仪器、新设备，同时研发了适用于特定任务的专属分析仪器。计算机在监测系统中的普遍使用，使监测结果得到了快速处理和传递，多机联用技术的广泛采用，扩大了仪器的使用效率和应用价值。

今后一段时间，在发展大型、连续自动监测系统的同时，发展小型便携式仪器和现场快速监测技术将是环境监测技术的重要发展方向。广泛采用遥测遥控技术，以逐步实现监测技术的信息化、自动化和连续化。

第二节　环境监测质量保证

一、环境监测质量保证体系

环境监测质量保证是整个监测过程的全面质量管理，环境监测质量控制是环境监测质量保证的一部分，它包括实验室内部质量控制和外部质量控制两个部分。

（一）实验室的管理及岗位责任制

监测质量的保证是以一系列完善的管理制度为基础的，严格执行科学的管理制度是监测质量的重要保证。

1. 对监测分析人员的要求

①环境监测分析人员应具有一定的专业文化水平，经培训、考试合格方能承担监测分析工作。

②熟练地掌握本岗位要求的监测分析技术，对承担的监测项目要做到理解原理、操作正确、严守规程，确保在分析测试过程中达到各种质量控制的要求。

③认真做好分析测试前的各项技术准备工作，实验用水、试剂、标准溶液、器皿、仪器等均应符合要求，方能进行分析测试。

④负责填报监测分析结果，做到书写清晰、记录完整、校对严格、实事求是。

⑤及时地完成分析测试后的实验室清理工作，做到现场环境整洁，工作交接清楚，做好安全检查。

⑥树立高尚的科研和实验道德，热爱本职工作，钻研科学技术，培养科学作风，谦虚谨慎，遵守劳动纪律，搞好团结协作。

2. 对监测质量保证人员的要求

环境监测实验室内要指定专人负责监测质量保证工作。监测质量保证人员应熟悉质量保证的内容、程序和方法，了解监测环节中的技术关键，具有相关的数理统计知识，协助实验室的技术负责人进行以下各项工作：

①负责监督和检查环境监测质量保证各项内容的实施情况。

②按隶属关系定期组织实验室内及实验室间分析质量控制工作。

③组织有关的技术培训和技术交流，帮助解决有关质量保证方面的技术问题。

3. 实验室安全制度

①实验室内须设各种必备的安全设施（通风橱、防尘罩、排气管道及消防灭火器材等），并应定期检查，保证随时可供使用。使用电、气、水、火时，应按有关使用规则进行操作，保证安全。

②实验室内各种仪器、器皿应有规定的放置处所，不得任意堆放，以免错拿错用，造成事故。

③进入实验室应严格遵守实验室规章制度，尤其是使用易燃、易爆和剧毒试剂时，必须遵照有关规定进行操作。实验室内不得吸烟、会客、喧哗、吃零食或私用电器等。

④下班时要有专人负责检查实验室的门、窗、水、电、煤气等，确认关好，不得疏忽大意。

⑤实验室的消防器材应定期检查，妥善保管，不得随意挪用。一旦实验室发生意外事故时，应迅速切断电源、火源，立即采取有效措施，随时处理，并上报有关领导。

4. 药品使用管理制度

①实验室使用的化学试剂应有专人负责发放，定期检查使用和管理情况。

②易燃、易爆物品应存放在阴凉通风的地方，并有相应安全保障措施。易燃、易爆试剂要随用随领，不得在实验室内大量积存。保存在实验室内的少量易燃品和危险品应严格控制、加强管理。

③剧毒试剂应有专人负责管理，加双锁存放。批准使用时，两人共同称量，登记用量。

④取用化学试剂的器皿（如药匙、量杯等）必须分开，每种试剂用一件器皿，至少洗净后再用，不得混用。

⑤使用氰化物时，切记注意安全，不得在酸性条件下使用，并严防溅洒沾污。氰化物废液必须经处理再倒入下水道，并用大量流水冲洗。其他剧毒试液也应注意经适当转化处理后再行清洗排放。

⑥使用有机溶剂和挥发性强的试剂的操作应在通风良好的地方或在通风橱内进行。任何情况下，都不允许用明火直接加热有机溶剂。

⑦稀释浓酸试剂时，应按规定要求来操作和贮存。

5. 仪器使用管理制度

①各种精密贵重仪器以及贵重器皿要有专人管理，分别登记造册、建卡立档。仪器档案应包括仪器说明书、验收和调试记录，仪器的各种初始参数，定期保养维修、检定、校准以及使用情况的登记记录等。

②精密仪器的安装、调试、使用和保养维修均应严格遵照仪器说明书的要求。上机人员应该考核，考核合格方可上机操作。

③使用仪器前应先检查仪器是否正常。仪器发生故障时，应立即查清原因，排除故障后方可继续使用，严禁仪器带病运转。

④仪器用完之后，应将各部件恢复到所要求的位置，及时做好清理工作，盖好防尘罩。

⑤仪器的附属设备应妥善安放，并经常进行安全检查。

6. 样品管理制度

①由于环境样品的特殊性，要求样品的采集、运送和保存等各环节都必须严格遵守有关规定，以保证其真实性和代表性。

②实验室的技术负责人应和采样人员、测试人员共同议定详细的工作计划，周密地安排采样和实验室测试间的衔接、协调，以保证自采样开始至结果报出的全过程中，样品都具有合格的代表性。

③样品容器除一般情况外的特殊处理，应由实验室负责进行。对于须在现场进行处理的样品，应注明处理方法和注意事项，所需试剂和仪器应准备好，同时提供给采样人员。对采样有特殊要求时，应对采样人员进行培训。

④样品容器的材质要符合监测分析的要求，容器应密塞、不渗不漏。

⑤样品的登记、验收和保存要按以下规定执行：

A. 采好的样品应及时贴好样品标签，填写好采样记录。将样品连同样品登记表、送样单在规定的时间内送交指定的实验室。填写样品标签和采样记录须使用防水墨汁，严寒季节圆珠笔不宜使用时，可用铅笔填写。

B. 如须对采集的样品进行分装，分样的容器应和样品容器材质相同，并填写同样的样品标签，注明"分样"字样，同时对"空白"和"副样"也都要分别注明。

C. 实验室应有专人负责样品的登记、验收，其内容如下：样品名称和编号；样品采集点的详细地址和现场特征；样品的采集方式，是定时样、不定时样还是混合样；监测分析项目；样品保存所用的保存剂的名称、浓度和用量；样品的包装、保管状况；采样日期和时间；采样人、送样人及登记验收人签名。

D. 样品验收过程中，如发现编号错乱、标签缺损、字迹不清、监测项目不明、规格不符、数量不足以及采样不合要求者，可拒收并建议补采样品。如无法补采或重采，应经有关领导批准方可收样，完成测试后，应在报告中注明。

E. 样品应按规定方法妥善保存，并在规定时间内安排测试，不得无故拖延。

F. 采样记录、样品登记表、送样单和现场测试的原始记录应完整、齐全、清晰，并与实验室测试记录汇总保存。

（二）实验室质量保证

监测的质量保证从大的方面分为采样系统和测定系统两部分。实验室质量保证是测定系统中的重要部分，它分为实验室内质量控制和实验室间质量控制，目的是保证测量结果有一定的精密度和准确度。

1. 实验室内质量控制

内部质量控制是实验室分析人员对分析质量进行自我控制的过程。一般通过分析和应用某种质量控制图或其他方法来控制分析质量。

（1）质量控制图的绘制及使用

对经常性的分析项目常用控制图来控制质量。在实验室工作中每一项分析工作都是由许多操作步骤组成的，测定结果的可信度受到许多因素的影响，如果对这些步骤、因素都建立质量控制图，这在实际工作中是无法做到的。因此，分析工作的质量只能根据最终测量结果来进行判断。

对经常性的分析项目，用控制图来控制质量，编制控制图的基本假设是：测定结果在受控的条件下具有一定的精密度和准确度，并按正态分布。如以一个控制样品，用一种方法由一个分析人员在一定时间内进行分析，累积一定数据，如果这些数据达到规定的精密度、准确度（处于控制状态），以其结果——分析次序编制控制图。在以后的经常分析过程中，取每份（或多次）平行的控制样品随机地编入环境样品中一起分析，根据控制样品的分析结果，推断环境样品的分析质量。

（2）其他质量控制方法

用加标回收率来判断分析的准确度，由于方法简单、结果明确，因而是常用方法。但由于在分析过程中对样品和加标样品的操作完全相同，以致干扰的影响、操作损失或环境污染也很相似，使误差抵消，因而分析方法中某些问题尚难以发现，此时可采用以下方法：

①比较实验。

对同一样品采用不同的分析方法进行测定，比较结果的符合程度来估计测定准确度，对于难度较大而不易掌握的方法或测定结果有争议的样品，常采用此法。必要时还可以进一步交换操作者、交换仪器设备或两者都交换，将所得结果加以比较，以检查操作稳定性和发现问题。

②对照分析。

在进行环境样品分析的同时，对标准物质或权威部门制备的合成标准样进行平行分析，将后者的测定结果与已知浓度进行比较，以控制分析准确度。也可以由他人（上级或权威部门）配制（或选用）标准样品，但不告诉操作人员浓度值——即密码样，然后由上级或权威部门对结果进行检查，这也是考核人员的一种方法。

2. 实验室间质量控制

实验室间质量控制的目的是检查各实验室是否存在系统误差，找出误差来源，提高监测水平，这一工作通常由某一系统的中心实验室、上级机关或权威单位负责。

（1）实验室质量考核

由负责单位根据所要考核项目的具体情况，制订具体实施方案。考核方案一般包括如下内容：①质量考核测定项目；②质量考核分析方法；③质量考核参加单位；④质量考核统一程序；⑤质量考核结果评定。

考核内容包括：分析标准样品或统一样品；测定加标样品；测定空白平行，核查检测下限；测定标准系列，检查相关系数和计算回归方程，进行截距检验等。通过质量考核，最后由负责单位综合实验室的数据进行统计处理后做出评价予以公布。各实验室可以从中发现所存在的问题并及时纠正。

为了减少系统误差，使数据具有可比性，在进行质量控制时，应使用统一的分析方法先从国家或部门规定的"标准方法"之中选定。当根据具体情况须选用"标准方法"以外的分析方法时，必须由该方法与相应"标准方法"对几份样品进行比较实验，按规定判定无显著性差异后，方可选用。

（2）实验室误差测验

在实验室间起支配作用的误差常为系统误差。为检查实验室间是否存在系统误差，它的大小和方向以及对分析结果的可比性是否有显著影响，可不定期地对有关实验室进行误差测验，以发现问题并及时纠正。

3. 标准分析方法和分析方法标准化

（1）标准分析方法

标准分析方法又称方法标准，是国际技术标准中的一种。它是一项文件，是由权威机构对某项分析所做的统一规定的技术准则，是建立其他有效方法的依据。对于环境分析方法，国际标准化组织（ISO）公布的标准系列中有空气质量、水质的一些标准分析方法；我国每年也陆续公布一些标准分析方法。标准分析方法必须满足以下条件：

①按照规定程序编写，即按标准化程序进行。

②按照规定格式编写。

③方法的成熟性得到公认，并通过协作试验，确定方法的准确度、精密度和方法误差范围。

④由权威机构审批和用文件发布。

（2）标准化实验

标准化实验是指经设计用来评价一种分析方法性能的实验。分析方法由许多属性所决定，主要有准确度、精密度、灵敏度、可检测性、专一性、依赖性和实用性等。不可能所有属性都达到最佳程度，每种分析方法必须根据目的，确定哪些属性是最重要的，哪些是可以折中的。环境分析以痕量分析为主，并用分析结果描述环境质量，所以分析的准确度和精密度、检出限、适用性都是最关键的。标准化活动技术性强，要对重要指标确定出表达方法和允许范围；对样品种类、数量、分析次数、分析人员、实验条件做出规定；要对实验过程采取质量保证措施，以对方法性能做公正的评价；确定出几个重要指标的评价方法和评价指标。

4. 实验室间的协作试验

协作试验是指为了一个特定的目的和按照预定的程序所进行的合作研究活动。协作试验可用于分析方法标准化、标准物质浓度定值、实验室间分析结果争议的仲裁和分析人员技术评定等项工作。

分析方法标准化协作试验的目的是确定拟作为标准的分析方法在实际应用的条件下可以达到的精密度和准确度，制定实际应用中分析误差的允许界限，以作为方法选择、质量控制和分析结果仲裁的依据。进行协作试验预先要制订一个合理的试验方案，并应注意下列因素：

（1）实验室的选择

参加协作试验的实验室要在地区和技术上有代表性，并具备参加协作试验的基本条件，如分析人员、分析设备等。避免选择技术太高和太低的实验室，实验室数目以多为好，一般要求五个以上。

（2）分析方法

选择成熟和比较成熟的方法，方法应能满足确定的分析目的，并已形成了较严谨的文件。

（3）分析人员

参加协作试验的实验室应指定具有中等技术水平以上的分析人员参加，分析人员应对被评估的方法具有实际经验。

（4）试验设备

参加的实验室要尽可能用已有的可互换的同等设备。各种量器、仪器等按规定校准，如同一试验有两人以上参加，除专用设备外，其他常用设备（如天平、玻璃器皿等）不得共用。

（5）样品的类型和含量

样品基体应有代表性，在整个试验期间必须均匀稳定。由于精密度往往与样品中被测物质浓度水平有关，一般至少要包括高、中、低三种浓度。如要确定精密度随浓度变化的回归方程，至少要使用五种不同浓度的样品。

只向参加的实验室分送必需的样品量，不得多送，样品中待测物质含量不应恰为整数或是一系列有规则的数，作为商品或浓度值已为人们知道的标准物质不宜作为方法标准化协作试验或考核人员的样品，使用密码样品可避免"习惯性"偏差。

（6）分析时间和测定次数

同一名分析人员至少要在两个不同的时间进行同一样品的重复分析。一次平行测定的平行样数目不得少于两个。每个实验室对每种含量的样品的总测定次数不应少于六次。

（7）协作试验中的质量控制

在正式分析以前要分发类型相似的已知样，让分析人员进行操作练习，取得必要的经验，以检查和消除实验室的系统误差。

协作试验设计不同，数据处理的方法也不尽相同。以方法标准化为例，一般计算步骤是：①整理原始数据，汇总成便于计算的表格；②核查数据并进行离群值检验；③计算精密度，并进行精密度与含量之间的相关性检验；④计算允许差；⑤计算准确度。

二、标准分析方法

对于一种化学物质或元素往往有许多种分析方法可供选择。例如水体中汞的测定方法就有冷原子荧光法、冷原子吸收法和双硫腙分光光度法等，这些分析方法都是国家标准中公布的标准方法。

标准分析方法的选定首先要达到所要求的检出限，其次能提供足够小的随机和系统误差，同时对各种环境样品能得到相近的准确度和精密度。当然也要考虑技术、仪器的现实条件和推广的可能性。

标准分析方法通常是由某个权威机构组织有关专家编写的，因此具有很高的权威性。

编制和推行标准分析方法的目的是保证分析结果的重复性、再现性和准确性。不但要求同一实验室的分析人员分析同一样品的结果要一致，而且要求不同实验室的分析人员分析同一样品的结果也要一致。

标准是标准化活动的结果，标准化工作是一项具有高度政策性、经济性、技术性、严密性和连续性的工作，开展这项工作必须建立严密的组织机构，同时必须按照一定的规范来进行工作。

三、环境监测管理

（一）环境监测管理的内容和原则

环境监测管理是以环境监测质量、效率为中心对环境监测系统整体进行全过程的科学管理。环境监测管理的具体内容包括监测标准的管理、监测采样点位的管理、采样技术的管理、样品运输储存管理、监测方法的管理、监测数据的管理、监测质量的管理、监测综合管理和监测网络管理等。总的可归结为四方面管理，即监测技术管理、监测计划管理、监测网络管理以及环境监督管理。

1. 环境监测管理的内容

监测技术管理的内容很多，核心内容是环境监测质量保证。一个完整的质量保证归宿（质量保证的目的）是应保证监测数据的质量特征具有"五性"。

准确性：测量值与真值的一致程度。

精密性：均一样品重复测定多次的符合程度。

完整性：取得有效监测数据的总额满足预期计划要求的程度。

代表性：监测样品在空间和时间分布上的代表程度。

可比性：在监测方法、环境条件、数据表达方式等可比条件下所获数据的一致程度。

2. 环境监测管理原则

实用原则：监测不是目的，是手段；监测数据不是越多越好，而是应实用；监测手段不是越现代化越好，而是应准确、可靠、实用。

经济原则：确定监测技术路线和技术装备，要经过技术经济论证，进行费用—效益分析。

（二）监测的档案文件管理

为了保证环境监测的质量以及技术的完整性和可追溯性，应对监测全过程，包括任务来源、制订计划、布点、采样、分析、数据处理等的一切文件，有严格的制度予以记录存档。同时对所累积的资料、数据进行整理，建立数据库。环境监测是环境信息的捕获、传递、解析、综合的过程。环境信息是各种环境质量状况的情报和数据的总称。信息资源现在越来越被重视，因此，档案文件的管理，资料、信息、整理与分析是监测管理的重要内容。

第二章　水和废水监测

第一节　水质监测方案的制订

一、水环境监测

（一）水环境监测的分类

水环境包括地表水和地下水；地表水还可以分为淡水和海水，或者河流、湖泊（水库）和海洋。雨水作为降水一般在大气环境中进行研究和分析。

这里阐述的水环境监测包括地表水环境质量监测和饮用水水源地水质监测。海水环境的监测另有详述。目前，地下水环境质量监测在环保监测系统刚刚起步，仅作为饮用水水源地进行监测。

（二）监测管理

1. 行政管理

国家级环境质量监测网由生态环境部统一监督管理，省级、地市级环境质量监测网由省、市环保厅局负责监督管理，各部门分工负责。

2. 技术管理

中国的水环境监测系统共分为四级，即国家级、省级、地市级、县级。各级监测站采用统一的监测技术规范和方法标准开展水环境监测工作，在技术管理上，由上级站指导下级站，并进行分级质量保证。

3. 管理方式

中国的水环境监测目前主要采用网络的组织管理方式，主要分为国家级、省级和地市级环境质量监测网三级网络体系。

国家级水环境监测网主要有以下 10 个：

长江流域国家水环境监测网；

黄河流域国家水环境监测网；

珠江流域国家水环境监测网；

松花江流域国家水环境监测网；

淮河流域国家水环境监测网；

海河流域国家水环境监测网；

辽河流域国家水环境监测网；

太湖流域国家水环境监测网；

巢湖流域国家水环境监测网；

滇池流域国家水环境监测网。

省级和地市级环境质量监测网主要由辖区内的各级环境监测站组成。

国家级水环境监测网络内各成员单位在统一规划下，按照水环境及污染源监测技术规范的要求，协同开展流域内各水系、主要河流、湖库、入河排污口及污染源定期监测工作，并向中国环境监测总站报送监测数据，用于编写全国环境质量报告书。

二、水环境监测布点

(一) 布点原则

监测断面是指为反映水系或所在区域的水环境质量状况而设置的监测位置。监测断面要以最少的设置尽可能获取足够的有代表性的环境信息；其具体位置要能反映所在区域环境的污染特征；同时还要考虑实际采样时的可行性和方便性。流经省、自治区和直辖市的主要河流干流以及一、二级支流的交界断面是环境保护管理的重点断面。

1. 河流水系的断面设置原则

河流上的监测位置通常称为监测断面。流域或水系要设立背景断面、控制断面（若干）和入海口断面。水系的较大支流汇入前的河口处，以及湖泊、水库、主要河流的出、入口应设置监测断面。对流程较长的重要河流，为了解水质、水量变化情况，经适当距离后应设置监测断面。水网地区流向不定的河流，应根据常年主导流向设置监测断面。对水网地区应视实际情况设置若干控制断面，其控制的径流量之和应不少于总径流量的80%。

2. 湖泊、水库的监测布点原则

湖泊、水库通常设置监测点位/垂线，如有特殊情况可参照河流的有关规定设置监测断面。湖（库）区的不同水域，如进水区、出水区、深水区、浅水区、湖心区、岸边区，

按水体类别设置监测点位/垂线。（库）区若无明显功能区别，可用网格法均匀设置监测垂线。监测垂线上采样点的布设一般与河流的规定相同，但当有可能出现温度分层现象时，应做水温、溶解氧的探索性试验后再定。

3. 行政区域的监测布点原则

对行政区域可设入境断面（对照断面、背景断面）、控制断面（若干）和出境断面（入海断面）。在各控制断面下游，如果河段有足够长度（至少 10 km），还应设消减断面。国际河流出、入国境的交界处应设置出境断面和入境断面。国家生态环境保护行政主管部门统一设置省（自治区、直辖市）交界断面。各省（自治区、直辖市）生态环境保护行政主管部门统一设置市县交界断面。

4. 水功能区的监测布点原则

根据水体功能区设置控制监测断面，同一水体功能区至少要设置一个监测断面。

5. 其他监测断面

根据污染状况和环境管理需要还可设置应急监测断面和考核监测断面。

（二）设置要求

1. 背景断面

反映水系未受污染时的背景值。设置在基本上不受人类活动的影响，且远离城市居民区、工业区、农药化肥施放区及主要交通路线的地方。原则上应设在水系源头处或未受污染的上游河段。如选定断面处于地球化学异常区，则要在异常区的上、下游分别设置；如有较严重的水土流失情况，则设在水土流失区的上游。

2. 入境断面

反映水系进入某行政区域时的水质状况，应设置在水系进入本区域且尚未受到本区域污染源影响处。

3. 控制断面

反映某排污区（口）排放的污水对水质的影响。应设置在排污区（口）的下游，污水与河水基本混匀处。控制断面的数量、控制断面与排污区（口）的距离可根据以下因素决定：主要污染区的数量及其间的距离、各污染源的实际情况、主要污染物的迁移转化规律和其他水文特征等。此外，还应考虑对纳污量的控制程度，即由各控制断面所控制的纳污量不应小于该河段总纳污量的 80%。如某河段的各控制断面均有五年以上的监测资料，可用这些资料进行优化，用优化结论来确定控制断面的位置和数量。

4. 出境断面

反映水系进入下一行政区域前的水质。因此，应设置在本区域最后的污水排放口下游，污水与河水已基本混匀并尽可能靠近水系出境处。如在此行政区域内，河流有足够长度，则应设消减断面。消减断面主要反映河流对污染物的稀释净化情况，应设置在控制断面下游，主要污染物浓度有显著下降处。

（三）设置方法

监测断面的设置位置应避开死水区、回水区、排污口处，尽量选择河段顺直、河床稳定、水流平稳，水面宽阔、无急流、无浅滩处。监测断面力求与水文测流断面一致，以便利用其水文参数，实现水质监测与水量监测的结合。

入海河口断面要设置在能反映入海河水水质并临近入海的位置。有水工建筑物并受人工控制的河段，视情况分别在闸（坝、堰）上、下设置断面。如水质无明显差别，可只在闸（坝、堰）上设置监测断面。设有防潮桥闸的潮汐河流，根据需要在桥闸的上、下游分别设置断面。由于潮汐河流的水文特征，潮汐河流的对照断面一般设在潮区界以上。若感潮河段潮区界在该城市管辖的区域之外，则在城市河段的上游设置一个对照断面。潮汐河流的消减断面，一般应设在近入海口处。若入海口处于城市管辖区域外，则设在城市河段的下游。

（四）国控断面的设置

1. 断面特性

国家地表水环境监测网主要功能是全面反映全国地表水环境质量状况。监测网要覆盖全国主要河流干流、主要一级支流以及重点湖泊、水库等，设定的断面（点位）要具有空间代表性，能代表所在水系或区域的水环境质量状况，全面、真实、客观反映所在水系或区域的水环境质量及污染物的时空分布状况及特征。

2. 断面（点位）类型

国控水环境监测断面包括背景断面、对照断面、控制断面、国界断面、省界断面、湖库点位。此外，在日供水量≥10万t，或服务人口≥30万人的重要饮用水水源地设置重要饮用水水源地断面（点位）。

3. 覆盖范围

河流：我国主要水系的干流、年径流量在5亿 m^3 以上的重要一、二级支流，年径流量在3亿 m^3 以上的国界河流、省界河流、大型水利设施所在水体等。每个断面代表的河长原则上不小于 100 km。

湖库：面积在 100 km² （或储水量在 10 亿 m³ 以上）的重要湖泊，库容在 10 亿 m³ 以上的重要水库以及重要跨国界湖库等。每 50~100 km² 设置一个监测点位，同时空间分布要有代表性。

北方河流、湖库：考虑到我国南、北方水资源的不均衡性，北方地区年径流量或库容较小的重要河流或湖库可酌情设置断面（点位）。

4. 具体要求

对照断面上游 2 km 内不应有影响水质的直排污染源或排污沟。控制断面应尽可能选在水质均匀的河段。监测断面的设置要具有可达性、取样的便利性。取消原削减断面，统一设置为控制断面。根据不同原则设置的断面重复时，只设置一个断面。省界断面一般设置在下游省份，由下游省份组织监测。

三、水环境监测方案

（一）基本内容

1. 监测对象和范围

流域监测的目的是要掌握流域水环境质量现状和污染趋势，为流域规划中限期达到目标的监督检查服务，并为流域管理和区域管理的水污染防治监督管理提供依据。因此，它的监测范围为整个流域的汇水区域，监测断面应该覆盖流域 80% 的水量，得到的水质监测数据结果才能对整个流域的水质状况进行正确、客观的评价。

突发性水环境污染事故，尤其是有毒有害化学品的泄漏事故，往往会对水生态环境造成极大的破坏，并直接威胁人民群众的生命安全。因此，突发性环境污染事故的应急监测是环境监测工作的重要组成部分。应急监测的目的是在已有资料的基础上，迅速查明污染物的种类、污染程度和范围以及污染发展趋势，及时、准确地为决策部门提供处理处置的可靠依据。事故发生后，监测人员应携带必要的简易快速检测器材、采样器材及安全防护装备尽快赶赴现场。根据事故现场的具体情况立即布点采样，利用检测管和便携式监测仪器等快速检测手段鉴别、鉴定污染物的种类，并给出定量或半定量的监测结果。现场无法鉴定或测定的项目应立即将样品送回实验室进行分析。根据监测结果，确定污染程度和可能污染的范围并提出处理处置建议，及时上报有关部门。

洪水期与退水期水质监测的目的是掌握洪水期与退水期地表水质现状和变化趋势，及时准确地为国家生态环境保护行政主管部门提供可靠信息，以便对可能发生的水污染事故制定相应的处理对策，为保障洪涝区域人民的健康与重建工作提供科学依据。因此，其监测范围可根据洪水与退水过程中水体流经区域，把监测重点放在城、镇、村的饮用水水源地（含水井周围），洪涝区城、镇、村的河流，淹没区危险品存放地的周围要加密布点。

2. 采样时间和监测频次

依据不同的水体功能、水文要素和监测目的、监测对象等实际情况，力求以最低的采样频次，取得最有时间代表性的样品。既要满足能反映水质状况的要求，又要切实可行。

《地表水和污水监测技术规范》中对采样时间和监测频次具体规定如下：

①饮用水水源地、省（自治区、直辖市）交界断面中需要重点控制的监测断面每月至少采样一次。

②国控水系、河流、湖、库上的监测断面，逢单月采样一次，全年六次。

③水系的背景断面每年采样一次。受潮汐影响的监测断面的采样，分别在大潮期和小潮期进行。每次采集涨、退潮水样分别测定。涨潮水样应在断面处水面涨平时采样，退潮水样应在水面退平时采样。

④如某必测项目连续三年均未检出，且在断面附近确定无新增排放源，而现有污染源排污量未增的情况下，每年可采样一次进行测定。一旦检出，或在断面附近有新的排放源或现有污染源有新增排污量时，即恢复正常采样。

⑤国控监测断面（或垂线）每月采样一次，在每月 5 日—10 日内进行采样。

⑥遇有特殊自然情况或发生污染事故时，要随时增加采样频次。

⑦在流域污染源限期治理、限期达标排放的计划和流域受纳污染物的总量削减规划中，以及为此所进行的同步监测。

⑧为配合局部小流域的河道整治，及时反映整治的效果，应在一定时期内增加采样频次，具体由整治工程所在的地方生态环境保护行政主管部门制定。

目前常规的地表水和饮用水水源地水质监测频次均为月监测。

3. 数据整理与上报

纸质文件（邮寄传真）、电子件（光盘、邮件）、专用软件直接入库。

（二）重点流域水质监测方案

1. 月报范围及监测断面布设

重点流域月报的范围是淮河、海河、辽河、长江、黄河、松花江、珠江、太湖、滇池、巢湖等重点流域的 573 个国控水质监测断面和 25 个国控湖库的 110 个点位，断面（点位）名单见《国家环境质量监测网地表水监测断面》。浙闽片水系、西南诸河和内陆河流等流域片的 77 个水质监测国控断面和青海湖暂不实施水质月报。

监测断面上设置的采样垂线数与各垂线上的采样点按《环境监测技术规范》的规定执行，待新的《地表水和污水监测技术规范》颁布后，按照新规范执行。

2. 监测项目、监测频次与时间

（1）月报监测与评价项目

河流水质：水温、pH、电导率、溶解氧、高锰酸盐指数、BOD$_5$、氨氮、石油类、挥发酚、汞、铅和流量共 12 项，其中流量用以分析水质变化趋势。

湖库水质：水温、pH、电导率、透明度、溶解氧、高锰酸盐指数、BOD$_5$、氨氮、石油类、总磷、总氮、叶绿素 a、挥发酚、汞、铅、水位共 16 项（透明度和叶绿素 a 两项不参加水质类别的判断，参加湖库富营养化状态级别评价；水位用于分析水质变化趋势）。水质评价方法按《地表水环境质量标准》规定的执行。

（2）监测频次

以上项目每月监测一次。《地表水环境质量标准》中规定的其他基本项目，按照《环境监测技术规范》要求的频次进行监测。

国控断面以外的省、市控断面由各省、市自行确定监测方案，或按照《地表水和污水监测技术规范》要求进行监测；国务院批准的重点流域水污染防治规划确定的控制断面中的非国控断面，按规划要求实施监测和评价。

（3）监测时间

监测时间为每月 1 日—10 日：逢法定长假日（春节、5 月和 10 月）监测时间可后延，最迟不超过每月 15 日。

当国控断面所在的河段发生凌汛和结冻、解冻，以及河段断流等特殊情况无法采样时，对该断面可不进行采样监测，但须上报相应的文字说明。

3. 数据、资料上报要求

（1）上报时间

流域内各监测站于每月 20 日前将当月监测结果报省（自治区、直辖市）环境监测（中心）站。各省（自治区、直辖市）环境监测（中心）站于监测当月 25 日前将本省（自治区、直辖市）的水质监测数据汇总后报中国环境监测总站及流域监测网络中心站。

流域监测网络监测中心站负责审核各站上报的监测数据并编制流域的水质月报，于当月 30 日前报送中国环境监测总站。评价标准统一采用《地表水环境质量标准》。

（2）传输内容、方式

重点流域水质月报监测数据的传输格式和方式由中国环境监测总站另行规定。

（三）饮用水水源地水质监测方案

1. 监测目的

为全面开展全国集中式生活饮用水水源地水质监测工作，客观、准确地反映我国集中式饮用水水源水质状况，保障饮用水安全，制订本方案。

2. 监测范围

监测范围为全国 31 个省（自治区、直辖市）辖区内 338 个地级（含地级以上）城市及全国县级行政单位所在城镇，其中地级（含地级以上）城市有 861 个集中式饮用水水源地。

3. 水源地筛选原则

水源地筛选原则如下：

地级（含地级以上）城市，指行政级别为地级的自治州、盟、地区和行署。

县级行政单位所在城镇水源地，指向县级城市（包括县、旗）主城区（所在地）范围供水的所有集中式饮用水水源。

集中式饮用水水源，只统计在用水源，规划和备用水源不纳入。

各城市（城镇）集中式生活饮用水水源地的年取水总量须大于该城市年生活用水总量的 80%。

4. 采样点位布设

河流：在水厂取水口上游 100 m 附近处设置监测断面；同一河流有多个取水口，且取水口之间无污染源排放口，可在最上游 100 m 处设置监测断面。

湖、库：原则上按常规监测点位采样，但每个水源地的监测点位至少应在两个以上。

地下水：在自来水厂的汇水区（加氯前）布设一个监测点位。

河流及湖、库采样深度：水面下 0.5 m 处。

5. 监测时间及频次

（1）月监测

各地级（含地级以上）城市环境监测站每月上旬采样监测一次。如遇异常情况，则必须加密采样一次。

（2）季度监测

各县级行政单位所在城镇的集中式生活饮用水水源地由所属地级（含地级以上）城市环境监测站每季度采样监测一次。如遇异常情况，则必须加密采样一次。

（3）全分析

全国县级以上城市（含县所在城镇）的所有集中式生活饮用水水源地每年6—7月进行一次水质全分析监测。

6. 分析方法

地表水按《地表水环境质量标准》要求的方法，地下水按国家标准《生活饮用水卫生标准检验方法》执行。

7. 评价标准及方法

地表水水源水质评价执行《地表水环境质量标准》的Ⅲ类标准或对应的标准限值，其中粪大肠菌群和总氮作为参考指标单独评价，不参与总体水质评价，具体评价方法执行生态环境部门《地表水环境质量评价方法》；地下水水源水质评价执行《地下水质量标准》的Ⅲ类标准。

水质评价以Ⅲ类水质标准或对应的标准限值为依据，采用单因子评价法。

8. 质量保证

全国城市集中式生活饮用水水源地水质监测工作，原则上由辖区内地级城市环境监测站组织实施监测任务，若不具备监测能力，可委托省站完成监测分析工作（县级城镇监测任务由所属地市级监测站承担）。监测数据实行三级审核制度，监测任务承担单位对监测结果负责，省站对最后上报中国环境监测总站的监测结果负责。

质量保证和质量控制按照《地表水和污水监测技术规范》及《环境水质监测质量保证手册》有关要求执行。

9. 监测数据报送方式及格式

（1）每月监测结果

各地级（含地级以上）城市环境监测站每月向各省（自治区、直辖市）环境监测中心（站）报送当月饮用水水源地水质监测数据，各省（自治区、直辖市）环境监测中心（站）审核后，于当月20日前通过"饮用水水源地月报填报传输系统"软件将数据报送中国环境监测总站。

（2）每季度监测结果

各县级行政单位所在城镇的集中式生活饮用水水源地水质监测结果由所属地级城市环境监测站每季度向各省（自治区、直辖市）环境监测中心（站）报送，各省（自治区、直辖市）环境监测中心（站）审核后，于该季度最后一个月 20 日前通过"饮用水水源地月报填报传输系统"软件将数据报送中国环境监测总站。

（3）全分析监测数据和评价报告

经各省（自治区、直辖市）环境监测部门审核后，于每年 10 月 15 日前通过"饮用水水源地月报填报传输系统"软件报送到监测总站。评价报告报送总站水室 FTP 服务器各省相应目录下。

第二节　水样的采集、保存和预处理

一、水环境监测技术

（一）概述

1. 耗氧性污染物

包括有机污染物和无机还原性物质。耗氧有机物和无机还原性物质可用化学耗氧量、高锰酸盐指数、五日生化需氧量等指标来反映其污染程度。

2. 植物营养物

包括含氮、磷、钾、碳的无机、有机污染物，会造成水体富营养化。

3. 痕量有毒有机污染物

如酚、卤代烃、氯代苯、有机氯农药、有机磷农药等。

4. 有毒无机污染物

如氰化物、硫化物、重金属等。这些污染物进入水体，其浓度超过了水体本身的自净能力，就会使水质变坏，影响水质的可利用性。

（二）水样类型

1. 瞬时水样

从水体中不连续地随机采集的样品称为瞬时水样。对于组分较稳定的水体，或水体的组分在相当长的时间和相当大的空间范围变化不大时，采集的瞬时样品具有较好的代表性。当水体的组分随时间发生变化，则要在适当的时间间隔内进行瞬时采样，分别进行分析，测出水质的变化程度、频率和周期。

下列情况适用地表水瞬时采样：

①流量不固定、所测参数不恒定时（如采用混合样，会因个别样品之间的相互反应而掩盖了它们之间的差别）。

②水的特性相对稳定。

③需要考察可能存在的污染物，或要确定污染物出现的时间。

④需要污染物最高值、最低值或变化的数据时。

⑤需要根据较短一段时间内的数据确定水质的变化规律时。

⑥在制订较大范围的采样方案前。

⑦测定某些不稳定的参数，例如溶解气体、余氯、可溶性硫化物、微生物、油类、有机物和 pH 值时。

2. 混合水样

在同一采样点上以流量、时间、体积或是以流量为基础，按照已知比例（间歇的或连续的）混合在一起的样品，此样品称为混合样品。

混合样品混合了几个单独样品，可减少监测分析工作量，节约时间，降低试剂损耗。混合水样是提供组分的平均值，为确保混合后数据的正确性，测试成分在水样储存过程中易发生明显变化的，则不适用混合水样法，如测定挥发酚、硫化物等。

3. 综合水样

把从不同采样点同时采集的瞬时水样混合为一个样品，称作综合水样。综合水样的采集包括两种情况，在特定位置采集一系列不同深度的水样（纵断面样品）；在特定深度采集一系列不同位置的水样（横截面样品）。综合水样是获得平均浓度的重要方式。

除以上几种水样类型外，还有周期水样、连续水样、大体积水样。

（三）水样采集

1. 基本要求

（1）河流

在对开阔河流的采样时，应包括下列五个基本点：①用水地点的采样；②污水流入河流后，对充分混合的地点及流入前的地点采样；③支流合流后，对充分混合的地点及混合前的主流与支流地点的采样；④主流分流后地点的选择；⑤根据其他需要设定的采样地点。各采样点原则上应在河流横向及垂向的不同位置采集样品。采样时间一般选择在采样前至少连续两天晴天，水质较稳定的时间（特殊需要除外）。

（2）水库和湖泊

水库和湖泊的采样，由于采样地点和温度的分层现象可引起水质很大的差异。在调查水质状况时，应考虑到成层期与循环期的水质明显不同。了解循环期水质，可布设和采集表层水样；了解成层期水质，应按深度布设及分层采样。在调查水域污染状况时，须要进行综合分析判断，获取有代表性的水样。如在废水流入前、流入后充分混合的地点、用水地点、流出地点等。

2. 水样采集

（1）采样器材

采样器材主要有采样器和水样容器。采样器包括聚乙烯塑料桶、单层采水瓶、直立式采水器、自动采样器。水样容器包括聚乙烯瓶（桶）、硬质玻璃瓶和聚四氟乙烯瓶。聚乙烯瓶一般用于大多数无机物的样品，硬质玻璃瓶用于有机物和生物样品，聚四氟乙烯瓶用于微量有机污染物（挥发性有机物）样品。

（2）采样量

在地表水质监测中通常采集瞬时水样。采样量参照规范要求，即考虑重复测定和质量控制所需要的量，并留有余地。

（3）采样方法

在可以直接汲水的场合，可用适当的容器采样，如在桥上等地方用系着绳子的水桶投入水中汲水，要注意不能混入漂浮于水面上的物质；在采集一定深度的水时，可用直立式或有机玻璃采水器。

（4）水样保存

在水样采入或装入容器中后，应按规范要求加入保存剂。

（5）油类采样

采样前先破坏可能存在的油膜，用直立式采水器把玻璃容器安装在采水器的支架中，将其放到 300 mm 深度，边采水边向上提升，在到达水面时剩余适当空间（避开油膜）。

3. 注意事项

①采样时不可搅动水底的沉积物。

②采样时应保证采样点的位置准确，必要时用定位仪（GPS）定位。

③认真填写采样记录表。

④采样结束前，核对采样方案、记录和水样是否正确，否则补采。

⑤测定油类水样，应在水面至 300 mm 范围内采集柱状水样，并单独采集，全部用于测定，采样瓶不得用采集水样冲洗。

⑥测定溶解氧、生化需氧量和有机污染物等项目时，水样必须注满容器，不留空间，并用水封口。

⑦如果水样中含沉降性固体，如泥沙等，应分离除去。分离方法为：将所采水样摇匀后倒入筒形玻璃容器，静置 30 min，将不含沉降性固体但含有悬浮性固体的水样移入盛样容器，并加入保存剂。测定总悬浮物和油类除外。

⑧测定湖库水的化学耗氧量、高锰酸盐指数、叶绿素 a、总氮、总磷时的水样，静置 30 min 后，用吸管一次或几次移取水样（吸管进水尖嘴应插至水样表层 50 mm 以下位置），再加保护剂保存。

⑨测定油类、BOD_5、DO（溶解氧）、硫化物、余氯、粪大肠菌群、悬浮物、挥发性有机物、放射性等项目要单独采样。

⑩降雨与融雪期间地表径流的变化，也是影响水质的因素；在采样时应予以注意并做好采样记录。

4. 采样记录

样品注入样品瓶后，按照国家标准《水质采样样品的保存和管理技术规定》中有关规定执行。现场记录应从采样到结束分析的过程中始终伴随着样品。采样资料至少应该提供以下信息：

测定项目；

水体名称；

地点位置；

采样点；

采样方式；

水位或水流量；

气象条件；

水温；

保存方法；

样品的表观（悬浮物质、沉降物质、颜色等）；

有无臭气；

采样年、月、日，采样时间；

采样人名称。

（四）保存与运输

1. 变化原因

从水体中取出代表性的样品到实验室分析测定的时间间隔中，原来的各种平衡可能遭到破坏。贮存在容器中的水样，会在以下三种作用下影响测定效果：

（1）物理作用

光照、温度、静置或震动，敞露或密封等保存条件以及容器的材料都会影响水样的性质。如温度升高或强震动会使得易挥发成分如氰化物及汞等挥发损失；样品容器内壁能不可逆地吸附或吸收一些有机物或金属化合物等；待测成分从器壁上、悬浮物上溶解出来，导致成分浓度的改变。

（2）化学作用

水样及水样各组分可能发生化学反应，从而改变某些组分的含量与性质。例如空气中的氧能使 Fe^{2+}、S^{2-}、CN^-、Mn^{2+} 等氧化，Cr 被还原等；水样从空气中吸收了 CO_2、SO_2、酸性或碱性气体使水样 pH 值发生改变，其结果可能使某些待测成分发生水解、聚合，或沉淀物的溶解、解聚、络合作用。

（3）生物作用

细菌、藻类及其他生物体的新陈代谢会消耗水样中的某些组分，产生一些新的组分，改变一些组分的性质；生物作用会对样品中待测物质如溶解氧、含氮化合物、磷等的含量及浓度产生影响；硝化菌的硝化和反硝化作用，致使水样中氨氮、亚硝酸盐氮和硝酸盐氮的转化。

2. 容器选择

选择样品容器时应考虑组分之间的相互作用、光分解等因素，还应考虑生物活性。最常遇到的是样品容器清洗不当、容器自身材料对样品的污染和容器壁上的吸附作用。

一般的玻璃瓶在贮存水样时可溶出钠、钙、镁、硅、硼等元素，在测定这些项目时，避免使用玻璃容器。

容器的化学和生物性质应该是惰性的，以防止容器与样品组分发生反应。如测定氟时，水样不能贮存在玻璃瓶中，因为玻璃与氟会发生反应。

对光敏物质可使用棕色玻璃瓶。

一般玻璃瓶用于有机物和生物品种；塑料容器适用于含属于玻璃主要成分的元素的水样。

待测物吸附在样品容器上也会引起误差，尤其是测定痕量金属；其他待测物如洗涤剂、农药、磷酸盐也会因吸附而引起误差。

3. 贮存方法

（1）充满容器或单独采样

采样时使样品充满容器，并用瓶盖拧紧，使样品上方没有空隙，减小 Fe^{2+} 被氧化、氰、氨及挥发性有机物的挥发损失。对悬浮物等定容采样保存，并全部用于分析，即可防止样品的分层或吸附在瓶壁上而影响测定结果。

（2）冷藏或冰冻

在大多数情况下，从采集样品后到运输再到实验室期间，在 1~5 ℃冷藏并暗处保存，对样品就足够了。冷藏并不适用长期保存，用于废水保存时间更短。

（3）过滤

采样后，用滤器（聚四氟乙烯滤器、玻璃滤器）过滤样品都可以除去其中的悬浮物、沉淀、藻类及其他微生物。滤器的选择要注意与分析方法相匹配，用前应清洗并避免吸附、吸收损失。因为各种重金属化合物、有机物容易吸附在滤器表面，滤器中的溶解性化合物如表面活性剂会滤到样品中。一般测有机物项目时选用砂芯漏斗和玻璃纤维漏斗，而在测定无机项目时常用 0.45 μm 有机滤膜过滤。

过滤样品的目的是区分被分析物的可溶性和不可溶性的比例（例如可溶和不可溶金属部分）。

（4）添加保存剂

①控制溶液 pH 值。

测定金属离子的水样常用硝酸酸化，既可以防止重金属的水解沉淀，又可以防止金属在器壁表面上的吸附，同时还能抑制生物活动；测定氰化物的水样须加氢氧化钠，这是由于多数氰化物活性很强而不稳定，当水样偏酸性时，可产生氰化氢而逸出。

②加入抑制剂。

在测酚水样中加入硫酸铜可控制苯酚分解菌的活动。

③加入氧化剂。

水样中痕量汞易被还原，引起汞的挥发性损失。实验研究表明，加入硝酸-重铬酸钾溶液可使汞维持在高氧化态，汞的稳定性大为改善。

④加入还原剂。

测定硫化物的水样，加入抗坏血酸对保存有利。

所加入的保存剂有可能改变水中组分的化学或物理性质，因此，选用保存剂要考虑对测定项目的影响。如待测项目是溶解态物质，酸化会引起胶体组分和固体的溶解，则必须在过滤后再酸化保存。

必须做保存剂空白试验，对结果加以校正。特别是对微量元素的检测。

4. 有效保存期

水样的有效保存期的长短依赖以下各因素：

（1）待测物的物理化学性质

稳定性好的成分，水样保存期就长，如钾、钠、钙、镁、硫酸盐、氯化物、氟化物等；不稳定的成分，水样保存期就短，甚至不能保存，须取样后立即分析或现场测定，如pH值、电导率、色度应在现场测定，BOD、COD、氨、硝酸盐、酚、氰应尽快分析。

（2）待测物的浓度

一般来说，待测物的浓度高，保存时间长，否则保存时间短。大多数成分在 10^{-9} 级溶液中，通常是很不稳定的。

（3）水样的化学组成

清洁水样保存期长些，而复杂的生活污水和工业废水保存期就短。

5. 水样的运输

水样采集后，除现场测定项目外，应立即送回实验室。运输前，将容器的盖子盖紧，同一采样点的样品应装在同一包装箱内；如须分装在两个或几个箱了中时，则须在每个箱内放入相同的现场采样记录表。每个水样瓶须贴上标签，内容有采样点编号、采样日期和时间、测定项目、保存方法及何种保存剂。在运输途中如果水样超出了保质期，样品管理员应对水样进行检测；如果决定仍然进行分析，那么在出报告时，应明确标出采样和分析时间。

（五）分析方法

随着我国环境保护事业的迅速发展，水质监测分析方法不断完善，检测仪器逐渐向自动化更新。虽然目前新的检测分析方法不能全部替代旧的方法，但不常用的旧分析方法逐渐从少用过渡到不使用。

根据国家计量部门要求，环境监测实验室检测方法选择原则是首选国家标准分析方法，然后是环境行业标准方法、地方规定方法或其他方法。主要思路如下：

一是选项以地表水环境质量监测项目（109项）为准，基本涵盖了109项指标的现有水质环境监测分析方法。

二是分析方法选择来源：中国环境标准发布的水环境标准检测方法（最新）、国家生活饮用水标准检验方法、《水和废水监测分析方法》以及其他检测方法。

三是每个指标的检测分析方法尽量包括不同检测手段的方法，如经典化学分析法、仪器分析法和自动化仪器分析法。

四是按照选择方法的原则（国标、行标、地标）顺序，建议同一种分析方法尽量使用最新版本，不具备新方法条件的可以使用另外一种分析方法（两种方法灵敏度一致）的较新方法。

二、数据填报

（一）填报内容及格式

国家地表水环境监测数据传输系统中除水环境监测数据外，还包括测站名称、测站代码、河流名称、河流代码、断面名称、断面代码、控制属性、采样时间、水期代码。水环境监测数据包括河流和湖库水体监测数据。具体如下：

河流：水温、流量、pH、电导率、溶解氧、高锰酸盐指数、五日生化需氧量、氨氮、石油类、挥发酚、汞、铅、化学需氧量、总氮、总磷、铜、锌、氟化物、硒、砷、镉、六价铬、氰化物、阴离子表面活性剂、硫化物、粪大肠菌群。

湖库：水温、水位、pH、电导率、透明度、溶解氧、高锰酸盐指数、五日生化需氧量、氨氮、石油类、总氮、总磷、叶绿素 a、挥发酚、汞、铅、化学需氧量、铜、锌、氟化物、硒、砷、镉、六价铬、氰化物、阴离子表面活性剂、硫化物、粪大肠菌群。

（二）数据的合法性

所有上报的监测数据必须是符合《地表水和污水监测技术规范》要求的数据，不符合要求的数据不得填表、不得上报、不得录入系统。

（三）数据的有效性

所有上报的监测数据必须是有效值。在依据《地表水和污水监测技术规范》测得的监测数据中，如果发现可疑数据，应结合现场进行分析，找出原因或进行数据检验，若被判为奇异值的应为无效数据。所有被判为无效值的数据不得填表、不得上报、不得录入系统。

（四）特殊数据

无值的代替符：当因河流断流未监测或某项目无监测数据时，须填报"-1"作为无值代替符。在数据统计时不参与数据计算。

（五）检出限的填写

当某项目未检出时，需填写检出限后加"L"。

检出限要低于《地表水环境质量标准》Ⅰ类标准限值的1/4倍。否则要更换方法，以满足该要求。对有的监测项目的监测方法目前无法满足要求时，可适当放宽，但禁止采用检出限就超标的监测分析方法。对无法满足要求的环境监测站应委托监测或由上一级环境监测站实施监测。

（六）计量单位

各监测项目的浓度计量单位一般采用 mg/L。特殊项目的计量单位，如流量，m^3/s；电导率，mS/m；水位，m；水温，℃；透明度，cm；粪大肠菌群，个/L。填写时须注意，水中汞和叶绿素 a 浓度的单位都是 mg/L，而不是 μg/L。

数据填报要在规定的时间内完成上报。通过系统上报的，其填报的数据都应进行进一步审核，防止出现错填、漏填和串行（列）填写等错误。

（七）可疑数据的处理

对审核可疑的监测数据必须通知地方监测站并进行确认。确认无误后的水质监测数据方可入库。入库后数据不能随意改动，地方站也不能多次上报监测数据入库。如果确认上报数据有误时，须按正常程序以文件形式说明数据的修改理由，并附原始监测数据材料，说明不是人为有意修改数据。无理由和无原始监测数据材料证明时任何人都不得修改已入库的监测数据。

（八）空白格的处理

所填写的监测数据表格不能出现空白格。不能因为某月或某个时间段未监测就不上报数据。未采样监测导致断面或项目无监测数据的都要填写"－1"。

三、数据审核

对收集到的水质监测数据的审核是非常必要的步骤，但对数据的审核也是比较困难的。因为汇总到国家或省级环境监测站的数据库系统后，水质监测数据量都比较大，也不可能对所有承担监测任务的监测站的整个水质监测过程都十分清楚，如采样方法、检测方法等。虽然如此，也可以通过监测断面、监测项目间的内在联系以及逻辑关系进行审核，找出有疑义的数据，最终通过地方站进一步审核。

对于汇总后的监测数据，应从全局的观点进行审核，既要考虑不同样品间时间和空间的联系，也要考虑同一样品不同监测项目间的相互逻辑关系。

（一）数据的客观规律

环境监测数据是目标环境内在质量的外在表现，有自身的规律和稳定性。在审核时，技术人员根据对客观环境的认识和对历年环境监测资料的研究，在一定程度上掌握了客观环境变化的规律，可以利用这些规律对实际环境监测数据进行纵向比较，从而及时发现明显有异于常识的离群数据。比如一般情况下，背景（对照）断面的各指标的浓度应低于其下游控制断面的各指标的浓度（溶解氧则相反），各指标的浓度时空分布出现反常现象，溶解氧过饱和现象，pH 值超过 6~9 范围等。当出现上述异常情况时，就应该对数据进行深入分析，以确定数据是否符合实际，并进一步找到隐藏其后的深层次的原因。能够说明原因的可认为数据正常，如水体发生富营养化，出现水华时，溶解氧会异常升高，达到过饱和，此时 pH 值超过 9。

叶绿素 a 一般不会超过 1 mg/L，当填报浓度大于 1 时可认定是计量单位搞错了，即填报数据与实际浓度值相差了 1000 倍。

（二）监测项目间的关联性

同一点位、同一次监测中不同项目的监测结果应与其相互间的关联性相吻合，了解这些关系有助于分析和判断数据的可靠性。

如 COD_{Cr} 与 BOD_5 及高锰酸盐指数之间的关系。同一水样 COD_{Cr} 与高锰酸盐指数在测定中所用氧化剂的氧化能力不同，因此决定了 COD_{Cr}>高锰酸盐指数；BOD_5 是在已测得 COD_{Cr} 含量基础上，围绕 BOD_5 预期值进行稀释的，所以 COD_{Cr}>BOD_5。

又如三氮与溶解氧的关系。由于环境中的氮循环，一般溶解氧高的水体硝酸盐氮浓度高于氨氮，而亚硝酸盐氮与溶解氧无明显关系。

（三）利用各监测项目之间的逻辑关系

同一个监测断面的各监测项目之间存在一定的逻辑关系。六价铬浓度不能大于总铬浓度；硝酸盐氮、亚硝酸盐氮和氨氮的各单项浓度不应大于总氮浓度，各单项浓度之和也不应大于总氮浓度；一般情况下，水中溶解氧值不应大于相应水温下的饱和溶解氧值等。充分利用这些关系，可以使数据审核达到事半功倍的效果。

（四）数据填写失误

通过国家地表水环境监测数据传输系统可以自动检查采样日期是否合法；数据监测值

是否大于检出上限或者小于检出下限；如果是未检出，则判断最低检出限的一半是否超过三类标准值；数据项是否为合法；重金属及有毒有害物质是否超标 20% 以上等。通过这些手段可以尽量避免一些数据输入时的操作错误。

四、水环境质量评价

地表水环境质量综合评价工作是环境监测工作的最主要的一个环节。综合分析要应用的科学知识多，涉及的学科领域广。既要掌握数据综合评价模型设计计算等工具，还要有分析、推理、归纳、判断等能力。因此，综合分析能力更能反映出一个监测站的水平。

为了搞好地表水环境综合评价工作，应以全面、系统、准确的环境监测数据为基础，以科学的数据处理方法、合理适用的评价模式、形象直观的表征手段，以强化环境质量变化原因分析为突破口，全面提高水环境监测综合评价能力。

水环境评价工作要具有正确性、及时性、科学性、可比性和社会性。

（一）分类

地表水环境质量评价可分为以下五部分：

河流、湖泊、水库水质评价；

湖泊、水库营养状态评价；

河流、湖泊、水库水环境质量综合评价；

水环境功能区达标评价；

河流、湖泊、水库水环境质量变化趋势评价及其原因分析。

地表水环境质量评价方法是地表水环境质量状况评价、水环境功能区达标评价方法、水环境质量变化趋势及其原因分析的基本方法。

（二）评价方法

1. 水质评价指标选择

水质月报参与评价的水质指标为：pH、溶解氧、高锰酸盐指数、五日生化需氧量、氨氮、汞、铅、挥发酚、石油类。

总氮和总磷作为湖库水体营养状态的评价指标，不作为湖库水质评价指标。总磷仍然作为河流水质评价指标。

粪大肠菌群作为水体卫生状况和非集中供水水源地水质评价的指标，不参与河流及湖库水质类别评价。

考虑到我国目前常规水环境质量监测频率，水温难以按周为周期来考核，因此，水温指标不参与评价。

2. 湖库营养状态评价

湖泊、水库营养状态评价选择指标包括叶绿素 a、总磷、总氮、透明度和高锰酸盐指数。

湖泊、水库营养状态评价针对表层 0.5 m 水深测点的营养状态指标值进行评价。根据湖泊、水库营养状态发布的周期，湖泊、水库营养状态评价一般可按旬、月、水期、季度、年度为周期来评价。以季度和年度评价为主。

短期评价（旬报、月报等）时，可采用一次监测的结果进行评价，旬内、月内有多次监测数据时，应先将评价区内所有监测点位的监测值做空间算术平均，再做时间算术平均，分别对平均结果进行评价。

季度评价、水期评价有 2 次以上（含 2 次）的监测数据，先做空间算术平均，再做时间算术平均，分别对其结果进行营养状态评价。

年度评价应采用 6 次以上（含 6 次）的监测数据，先做空间算术平均，再做时间算术平均，分别对其结果进行营养状态评价。

湖泊、水库营养状态评价方法采用综合营养指数法（TLI）评价。分级方法是采用 0~100 的一系列连续数字对湖泊营养状态进行分级，包括贫营养、中营养、轻度富营养、中度富营养和重度富营养。

（三）水质趋势分析

1. 基本要求

同一河流、水系与前一时段、前一年度同期或多时段趋势进行比较时，必须满足下列三个条件，以保证数据的可比性：

第一，评价时选择的监测指标必须相同。

第二，评价时选择的断面基本相同。

第三，定性评价必须以定量评价为依据。

2. 不同时段定量比较

不同时段定量比较是指同一断面（河流、水系或湖库）的水质或营养状态与前一时段、前一年度同期或某两个时段进行比较。

（1）一个断面（测点）水质或营养状态变化的定量比较

评价某一断面（测点）在不同时段的水质或营养状态变化时，可直接比较评价单个指标的浓度值、水质污染指数或营养状态评分值，并以柱状图或折线图表征其比较结果。

（2）某一河流（湖泊）水质或营养状态变化的定量比较

对不同时段的某一河流水质或湖泊、水库营养状态的时间变化趋势进行评价，河流、水系监测断面总数在5个（含5个）以上时，采用优良断面百分率（或重度污染断面百分率）法。

河流、水系监测断面总数小于5个时，采用水质监测的平均值计算WPI指数或湖库营养状态指数进行比较。

（四）水质变化分析

当评价对象的水环境质量发生明显变化时，应对引起水环境质量变化的主要原因进行分析，并在此基础上提出污染防治的对策和建议。

水环境质量变化的原因分析主要从直接影响因素如水情变化、排污量变化等，及间接影响因素如经济发展、人口变化、污染治理投资等进行相关分析，从而得出影响水体质量变化的主要原因，为水环境污染防治决策和措施的制定提供技术支持。

第三节　金属污染物的测定

金属污染物主要有汞、镉、铅、锌、铬、铜等。根据金属在水中存在的状态，分别测定溶解的金属、悬浮的金属、总金属以及酸可提取的金属成分等。溶解的金属是指能通过 0.45 μm 滤膜的金属；悬浮的金属指被 0.45 μm 滤膜阻留的金属；总金属指未过滤水样，经消解处理后所测得的金属含量。目前环境标准中，如无特别指明，一般指总金属含量。

水体中金属化合物的含量一般较低，对其进行测定须采用高灵敏的方法。目前标准中主要采用原子吸收分光光度法，其他测定金属的方法有电感耦合等离子体发射光谱法、分光光度法、原子荧光法和阳极溶出伏安法等。

一、原子吸收分光光度法测定多种金属

原子吸收分光光度法是利用某元素的基态原子对该元素的特征谱线具有选择性吸收的特性来进行定量分析的方法。按照使被测元素原子化的方式可分为火焰法、无火焰法和冷原子法三种形式。最常用的是火焰原子吸收分光光度法，其分析方法如图2-1所示。

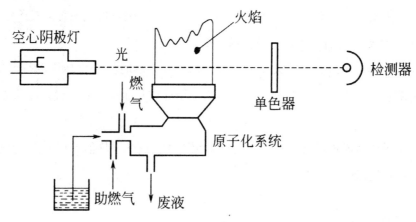

图 2-1   火焰原子吸收分光光度法示意图

压缩空气通过文丘里管把试液吸入原子化系统，试液被撞击为细小的雾滴随气流进入火焰。试样中各元素化合物在高温火焰中气化并解离成基态原子，这一过程称为原子化过程。此时，让从空心阴极灯发出的具有特征波长的光通过火焰，该特征光的能量相当于待测元素原子由基态提高到激发态所需的能量，因而被基态原子吸收，使光的强度发生变化，这一变化经过光电变换系统放大后在计算机上显示出来。被吸收光的强度与蒸气中基态原子浓度的关系在一定范围内符合比耳定律，因此，可以根据吸光度的大小，在相同条件下制作的标准曲线上求得被测元素的含量。

在无火焰原子吸收分光光度法中，元素的原子化是在高温的石墨管中实现的。石墨管同轴地放置在仪器的光路中，用电加热使其达到近 3000 ℃ 温度，使置于管中的试样原子化并同时测得原子化期间的吸光度值。此法具有比火焰原子吸收法更高的灵敏度。

冷原子吸收分光光度法仅适用于常温下能以气态原子状态存在的元素，实际上只能用来测定汞蒸气，可以说是一种测汞专用的方法。

原子吸收分光光度法用于金属元素分析，具有很好的灵敏度和选择性。表 2-1 列举了原子吸收分光光度法分析常见金属元素的应用实例。

表 2-1   原子吸收分光光度法分析常见金属元素的应用实例

分析元素	方法	特征谱线波长（nm）	适用范围（mg/L）
铜	火焰法	324.7	0.05~5
锌	火焰法	213.8	0.05~1
铅	火焰法	283.3	0.2~10
钾	火焰法	766.5	0.05~4
钠	火焰法	589	0.01~2
钙	火焰法	422.7	0.1~6

分析元素	方法	特征谱线波长（nm）	适用范围（mg/L）
银	火焰法	328.1	0.03~5
铁	火焰法	248.3	0.03~5
锰	火焰法	279.5	0.01~3
铬	火焰法（富燃）	357.9	0.1~5
汞	冷原子吸收法	253.7	0.1 μg/L 以上
锑	火焰法	217.6	0.2~40

二、汞

汞及其化合物属于极毒物质。天然水中含汞极少，一般不超过 0.1 μg/L。工业废水中汞的最高允许排放浓度为 0.05 mg/L。汞的测定方法有冷原子吸收法、冷原子荧光法、双硫腙分光光度法等。

（一）冷原子吸收法

汞是常温下唯一的液态金属，具有较高的蒸气压（20 ℃时汞的蒸气压为 0.173 pa，在 25 ℃时以 1 L/min 流量的空气流经 10 cm^2 的汞表面，每 1 m^3 空气中含汞约为 30 mg），而且汞在空气中不易被氧化，以气态原子存在。由于汞具有上述特性，可以直接用原子吸收法在常温下测定汞，故称为冷原子吸收法。采用此法，由于可以省去原子化装置，使仪器结构简化。测定时干扰因素少，方法检出限为 0.05 μg/L。冷原子吸收法测汞的专用仪器为测汞仪，光源为低压汞灯，发出汞的特征吸收波长 253.7 nm 的光。

汞在污染水体中部分以有机汞，如甲基汞和二甲基汞形式存在，测总汞时须将有机物破坏，使之分解，并使汞转变为汞离子。一般用强氧化剂加以消解处理。浓硫酸-高锰酸钾可以氧化有机汞的化合物，将其中的汞转变成汞离子，然后用适当的还原剂（如氯化亚锡）将汞离子还原为汞。利用汞的强挥发性，以氮气或干燥清洁的空气做载气，将汞吹出，导入测汞仪进行原子吸收测定。

（二）冷原子荧光法

荧光是一种光致发光的现象。当低压汞灯发出的 253.7 nm 的紫外线照射基态汞原子时，汞原子由基态跃迁至激发态，随即又从激发态回至基态，伴随以发射光的形式释放这部分能量，这样发射的光即为荧光。通过测量荧光强度求得汞的浓度。在较低浓度范围内，荧光强度与汞浓度成正比。冷原子荧光测汞仪与冷原子吸收测汞仪的不同之处是光电倍增管处在与光源垂直的位置上检测光强，以避免来自光源的干扰。冷原子荧光法具有更高的灵敏度，其方法检出限为 1.5 μg/L。

三、铬

铬的主要污染源是电镀、制革、冶炼等工业排放的污水。它以三价铬离子和铬酸根离子形式存在。微量的三价铬是生物体必需的元素，但超过一定浓度也有危害。六价铬的毒性强，且更易为人体吸收，因此，被列为优先监测的项目之一。

铬的测定可用多种方法：原子吸收分光光度法可用来直接测定三价铬和六价铬的总量；含高浓度铬酸根的污水可用滴定法测定；在多种测定铬的光度法中，二苯碳酰二腙光度法对铬（Ⅵ）的测定几乎是专属的，能分别测定两种价态的铬。

二苯碳酰二腙，又名二苯氨基脲、二苯卡巴腙。白色或淡橙色粉末，易溶于乙醇和丙酮等有机溶剂。试剂配成溶液后，易氧化变质，稳定性不好，应在冰箱中保存。试剂的分子结构式为：

$$O=C \begin{cases} NH-NH-C_6H_5 \\ NH-NH-C_6H_5 \end{cases}$$

二苯碳酰二腙测定铬是基于与铬（Ⅳ）发生的显色反应，共存的铬（Ⅲ）不参与反应。铬（Ⅵ）与试剂反应生成红紫色的络合物，其最大吸收波长为 540 nm。其具有较高的灵敏度（=4×10⁻⁴），最低检出浓度为 4 μg/L。水样经高锰酸钾氧化后测得的是总铬，未经氧化测得的是 Cr（Ⅳ），将总铬减 Cr（Ⅴ），即得 Cr（Ⅲ）。

第四节　非金属无机物的测定

一、pH 值的测定

天然水的 pH 值一般在 7.0~8.0 的范围内。当水体受到酸、碱污染后，引起水体 pH 值变化，对 pH 值的测量，可以估计哪些金属已水解沉淀，哪些金属还留在水中。水体的酸污染主要来自搪瓷、电镀、轧钢、金属加工等冶金工业的酸洗工序和人造纤维、酸法造纸排出的废水，另一个来源是酸性矿山排水。碱污染主要来源于碱法造纸、化学纤维、制碱、制革、炼油等工业废水。

水体受到酸碱污染后，pH 值发生变化，在水体 pH 值<6.5 或 pH 值>8.5 时，水中微生物生长受到抑制，使得水体自净能力受到阻碍并腐蚀船舶和水中设施。酸对鱼类的鳃有不易恢复的腐蚀作用；碱会引起鱼鳃分泌物凝结，使鱼呼吸困难，不利于鱼类生存。长期受到酸、碱污染将导致人类生态系统的破坏。为了保护水体，我国规定河流水体的 pH 值应在 6.5~9。

测 pH 值的方法有玻璃电极法和比色法，其中玻璃电极法基本上不受溶液的颜色、浊度、胶体物质、氧化剂和还原剂以及高含盐量的干扰。但当 pH 值>10 时，产生较大的误差，使读数偏低，称为"钠差"。克服"钠差"的方法除了使用特制的"低钠差"电极外，还可以选用与被测溶液 pH 值相近的标准缓冲溶液对仪器进行校正。

(一) 玻璃电极法

1. 玻璃电极法原理

以饱和甘汞电极为参比电极，玻璃电极为指示电极组成电池。在 25 ℃下，溶液中每变化 1 个 pH 单位，电位差就变化 59.9 mV，将电压表的刻度变为 pH 刻度，便可直接读出溶液的 pH 值，温度差异可以通过仪器上的补偿装置进行校正。

2. 所需仪器

各种型号的 pH 计及离子活度计，玻璃电极、甘汞电极。

3. 注意事项

玻璃电极在使用前应浸泡激活。通常用邻苯二甲酸氢钾、磷酸二氢钾+磷酸氢二钠和四硼酸钠溶液依次校正仪器，这三种常用的标准缓冲溶液，目前市场上有售。

本实验所用蒸馏水为二次蒸馏水，电导率小于 2 μΩ/cm，用前煮沸以排出 CO_2。

pH 值是现场测定的项目，最好把电极插入水体直接测量。

(二) 比色法

酸碱指示剂在其特定 pH 值范围的水溶液中产生不同颜色，向标准缓冲溶液中加入指示剂，将生成的颜色作为标准比色管，与加入同一种指示剂的水样显色管目视比色，可测出水样的 pH 值。本法适用于色度很低的天然水、饮用水等。如水样有色、浑浊或含较高的游离余氯、氧化剂、还原剂，均干扰测定。

二、溶解氧的测定

溶解氧就是指溶解于水中分子状态的氧，即水中的 O_2，以 DO 表示。溶解氧是水生生物生存不可缺少的条件。溶解氧的一个来源是水中溶解氧未饱和时,大气中的氧气向水体渗入;另一个来源是水中植物通过光合作用释放出的氧。溶解氧随着温度、气压、盐分的变化而变化。一般来说,温度越高,溶解的盐分越大,水中的溶解氧越低;气压越高,水中的溶解氧越高。溶解氧除了被通常水中硫化物、亚硝酸根、亚铁离子等还原性物质所消耗外,也被水中微生物的呼吸作用以及水中有机物质被好氧微生物的氧化分解所消耗。所以说,溶解氧是水体的资本,是水体自净能力的表示。

天然水中溶解氧近于饱和值(9 mg/L),藻类繁殖旺盛时,溶解氧呈过饱和。水体受有机物及还原性物质污染可使溶解氧降低,当 DO 小于 4.5 mg/L 时,鱼类生活困难。当 DO 消耗速率大于氧气向水体中溶入的速率时,DO 可趋近于 0,厌氧菌得以繁殖使水体恶化。所以,溶解氧的大小,反映出水体受到污染,特别是有机物污染的程度,它是水体污染程度的重要指标,也是衡量水质的综合指标。

测定水中溶解氧的方法有碘量法及其修正法和膜电极法。清洁水可用碘量法,受污染的地面水和工业废水必须用修正的碘量法或膜电极法。

三、氰化物的测定

氰化物主要包括氢氰酸(HCN)及其盐类(如 KCN、NaCN)。氰化物是一种剧毒物质,也是一种广泛应用的重要工业原料。在天然物质中,如苦杏仁、枇杷仁、桃仁、木薯及白果,均含有少量 KCN。一般在自然水体中不会出现氰化物,水体受到氰化物的污染,往往是由工厂排放废水以及使用含有氰化物的杀虫剂所引起,它主要来源于金属、电镀、精炼、矿石浮选、炼焦、染料、制药、维生素、丙烯腈纤维制造、化工及塑料工业。

人误服或在工作环境中吸入氰化物时,会造成中毒。其主要原因是氰化物进入人体后,可与高铁型细胞色素氧化酶结合,变成氰化高铁型细胞色素氧化酶,使之失去传递氧的功能,引起组织缺氧而致中毒。

测定氰化物的方法主要有硝酸银滴定法、分光光度法、离子选择电极法等。测定之前,通常先将水样在酸性介质中进行蒸馏,把能形成氰化氢的氰化物蒸出,使之与干扰组分分离。常用的蒸馏方法有以下两种:

(一)酒石酸-硝酸锌预蒸馏

在水样中加入酒石酸和硝酸锌,在 pH 值约为 4 的条件下加热蒸馏,简单氰化物及部分配位氰(如 $[Zn(CN)_4]^{2-}$)以 HCN 的形式蒸馏出来,用氢氧化钠溶液吸收,取此蒸馏液测得的氰化物为易释放的氰化物。

（二）磷酸-EDTA 预蒸馏

向水样中加入磷酸和 EDTA，在 pH 值<2 的条件下，加热蒸馏，利用金属离子与 EDTA 配位能力比与 CN⁻ 强的特性，使配位氧化物离解出 CN⁻，并在磷酸酸化的情况下，以 HCN 形式蒸馏出。此法测得的是全部简单氰化物和绝大部分配位氰化物，而钴氰配合物则不能蒸出。

四、氨氮的测定

水中的氨氮是指以游离氨和铵离子形式存在的氮，两者的组成比取决于水的 pH 值，当 pH 值偏高时，游离氨的比例较高；反之，则铵盐的比例高。水中氨氮来源主要为生活污水中含氮有机物受微生物作用的分解产物，某些工业废水，如石油化工厂、畜牧场及它的废水处理厂、食品厂、化肥厂、炼焦厂等排放的废水及农田排水、粪便是生活污水中氮的主要来源。在有氧环境中，水中氨可转变为亚硝酸盐或硝酸盐。

我国水质分析工作者把水体中溶解氧参数和铵浓度参数结合起来，提出水体污染指数的概念与经验公式，用以指导给水生产和作为评价给水水源水质优劣标准，所以，氨氮是水质重要测量参数。氨氮的分析方法有滴定法、纳氏试剂分光光度法、苯酚-次氯酸盐分光光度法、氨气敏电极法等。

五、亚硝酸盐氮的测定

亚硝酸盐是含氮化合物分解过程的中间产物，极不稳定，可被氧化成硝酸盐，也易被还原成氨，所以取样后立即测定，才能检出 NO_2^-。亚硝酸盐实际是亚铁血红蛋白症的病原体，它可与仲胺类反应生成亚硝胺类，已知它们之中许多具有强烈的致癌性。所以 NO_2^- 是一种潜在的污染物，被列为水质必测项目之一。

水体亚硝酸盐的主要来源是污水、石油、燃料燃烧以及硝酸盐肥料工业，染料、药物、试剂厂排放的废水。淡水、蔬菜中亦含有亚硝酸盐，含量不等，熏肉中含量很高。亚硝酸盐氮的测定，通常采用重氮偶合比色法，按试剂不同分为 N-（1-萘基）-乙二胺比色法和 α-萘胺比色法。两者的原理和操作基本相同。

在 pH 值为 1.8±0.3 的磷酸介质中，亚硝酸盐与对氨基苯磺酰胺反应，生成重氮盐，再与 N-（1-萘基）-乙二胺偶联生成红色染料，于 540 nm 处进行比色测定。

本法适用于饮用水、地面水、地下水、生活污水和工业废水中亚硝酸盐氮的测定。最低检出浓度为 0.003 mg/L，测定上限为 0.20 mg/L。

必须注意的是下面两点：①水样中如有强氧化剂或还原剂时则干扰测定，可取水样加

$HgCl_2$ 溶液过滤除去。Fe^{3+}、Ca^{2+} 的干扰，可分别在显色之前加 KF 或 EDTA 掩蔽。水样如有颜色和悬浮物时，可于 100 mL 水样中加入 2 mL 氢氧化铝悬浮液进行脱色处理，滤去 Al（OH）$_3$ 沉淀后再进行显色测定。②实验用水均为不含亚硝酸盐的水，制备时于普通蒸馏水中加入少许 $KMnO_4$ 晶体，使呈红色，再加 Ba（OH）$_2$ 或 Ca（OH）$_2$ 使成碱性。置全玻璃蒸馏器中蒸馏，弃去 50 mL 初馏液，收集中间约 70% 不含锰的馏出液。

六、硝酸盐氮的测定

硝酸盐是在有氧环境中最稳定的含氮化合物，也是含氮有机化合物经无机化作用最终阶段的分解产物。清洁的地面水硝酸盐氮含量较低，受污染水体和一些深层地下水中含量较高。制革、酸洗废水、某些生化处理设施的出水及农田排水中常含大量硝酸盐。人体摄入硝酸盐后，经肠道中微生物作用转变成亚硝酸盐而呈现毒性作用。

水中硝酸盐的测定方法有酚二磺酸分光光度法、镉柱还原法、戴氏合金还原法、紫外分光光度法和离子选择电极法。

紫外分光光度法多用于硝酸盐氮含量高、有机物含量低的地表水测定。该方法的基本原理是采用絮凝共沉淀和大孔型中性吸附树脂进行预处理，以排除天然水中大部分常见有机物、浑浊和 Fe^{3+}、Cr（Ⅵ）对本法的干扰。利用 NO_3^- 对 220 nm 波长处紫外线选择性吸收来定量测定硝酸盐氮。离子选择电极法中的 NO_3^- 离子选择电极属于液体离子交换剂膜电极，这类电极用浸有液体离子交换剂的惰性多孔薄膜作为传感膜，该膜对溶液中不同浓度的 NO_3^- 有不同的电位响应。

第五节　水中有机化合物的测定

水体中有机化合物种类繁多，难以对每一个组分逐一定量测定，目前多采用测定有机化合物的综合指标来间接表征有机化合物的含量。综合指标主要有化学需氧量、高锰酸盐指数、生化需氧量、总需氧量和总有机碳等。有机化合物的污染源主要有农药、医药、染料以及化工企业排放的废水。

一、化学需氧量

化学需氧量（Chemical Oxygen Demand，COD）是指在一定条件下，氧化 1 L 水样中还原性物质所消耗的氧化剂的量，以氧的质量浓度（mg/L）表示。化学需氧量反映了水体受还原性物质污染的程度。水中的还原性物质包括有机物、亚硝酸盐、亚铁盐、硫化物等。水被有机物污染是很普遍的，因此，化学需氧量也作为有机物相对含量的指标之一。

化学需氧量随测定时所用氧化剂的种类、浓度、反应温度和时间、溶液的酸度、催化剂等变化而不同。水样中化学需氧量的测定方法有重铬酸钾法、氯气校正法、碘化钾碱性高锰酸钾法等多种方法。

（一）重铬酸钾法

在水样中加入一定量的重铬酸钾溶液及硫酸汞溶液，并在强酸介质下以硫酸银做催化剂，回流 2 h 后，以 1，10-邻二氮杂菲为指示剂，用硫酸亚铁铵标准溶液滴定水样中未被还原的重铬酸钾，由消耗的硫酸亚铁铵的量计算出回流过程中消耗的重铬酸钾的量，并换算成消耗氧的质量浓度，即为水样的化学需氧量。

当污水 COD 大于 50 mg/L 时，可用 0.25 mol/L 的 $K_2Cr_2O_7$ 标准溶液；当污水 COD 为 5~50 mg/L 时，可用 0.025 mol/L 的 $K_2Cr_2O_7$ 标准溶液。

$K_2Cr_2O_7$ 氧化性很强，可将大部分有机物氧化，但吡啶不被氧化，芳香族有机物不易被氧化。挥发性直链脂肪族化合物、苯等有机物存在于蒸气相，氧化不明显。

因氯离子能被 $K_2Cr_2O_7$ 氧化，并与硫酸银作用生成沉淀，影响测定结果，须在回流前加入适量的硫酸汞去除。但当水中氯离子浓度大于 1000 mg/L 时，不能采用此方法测定。

COD（O_2，mg/L）按下式计算：

$$COD（O_2，mg/L）= \frac{1}{4} \times \frac{c（V_0-V_1）M（O_2）\times 10^3}{V}$$

式中　c——硫酸亚铁铵标准溶液的浓度，mol/L；

　　　V_0——空白试验所消耗的硫酸亚铁铵标准溶液的体积，mL；

　　　V_1——水样测定所消耗的硫酸亚铁铵标准溶液的体积，mL；

　　　V——水样的体积，mL；

　　　$M（O_2）$——氧气的摩尔质量，g/mol。

（二）氯气校正法

按照重铬酸钾法测定的 COD 值即为表观 COD。将水样中未与 Hg^{2+} 配位而被氧化的那部分氯离子所形成的氯气导出，用氢氧化钠溶液吸收后，加入碘化钾，用硫酸调节溶液 pH 值为 2~3，以淀粉为指示剂，用硫代硫酸钠标准溶液滴定，由此计算出与氯离子反应消耗的重铬酸钾，并换算为消耗氧的质量浓度，即为氯离子校正值。表观 COD 与氯离子校正值的差即为所测水样的 COD。

该方法适用于氯离子含量小于 20 000 mg/L 的高氯废水中化学需氧量的测定，主要用于油田、沿海炼油厂、油库、氯碱厂等废水中 COD 的测定。

通入氮气（5~10 mL/min），加热，自溶液沸腾起回流 2 h。停止加热后，加大气流（30~40 mL/min），继续通氮气约 30 min。取下吸收瓶，冷却至室温，加入 1.0 g 碘化钾，然后加入 7 mL 硫酸（2 mol/L），调节溶液 pH 值为 2~3，放置 10 min，用硫代硫酸钠标准溶液滴定至淡黄色，加入淀粉指示液，然后继续滴定至蓝色刚刚消失，记录消耗硫代硫酸钠标准溶液的体积。待锥形瓶冷却后，从冷凝管上端加入一定量的水，取下锥形瓶。待溶液冷却至室温后，加入 3 滴 1，10-邻二氮杂菲，用硫酸亚铁铵标准溶液滴定至溶液的颜色由黄色经蓝绿色变为红褐色为止。

以 20.0 mL 水代替试样进行空白试验，按照同样的方法测定消耗硫酸亚铁铵标准溶液的体积。

结果按下式计算：

$$表观 COD (O_2, mg/L) = \frac{1}{4} \times \frac{c_1 (V_1 - V_2) M (O_2)}{4V_0} \times 10^3$$

$$氯离子校正值 (O_2, mg/L) = \frac{c_2 V_3 M (O_2)}{4V_0} \times 10^3$$

式中 c_1——硫酸亚铁铵标准溶液的浓度，mol/L；

c_2——硫代硫酸钠标准溶液的浓度，mol/L；

V_1——空白试验消耗硫酸亚铁铵标准溶液的体积，mL；

V_2——试样测定时消耗硫酸亚铁铵标准溶液的体积，mL；

V_3——吸收液测定消耗硫代硫酸钠标准溶液的体积，mL；

V_0——试样的体积，mL；

$M (O_2)$——氧气的摩尔质量，g/mol。

（三）碘化钾碱性高锰酸钾法

在碱性条件下，在水样中加入一定量的高锰酸钾溶液，在沸水浴中反应一定时间，以氧化水中的还原性物质。加入过量的碘化钾，还原剩余的高锰酸钾，以淀粉为指示剂，用硫代硫酸钠滴定释放出来的碘。根据消耗高锰酸钾的量，换算成相对应的氧的质量浓度，用 COD_{OH-KI} 表示。该方法适用于油气田和炼化企业高氯废水中化学需氧量的测定。

由于碘化钾碱性高锰酸钾法与重铬酸盐法的氧化条件不同，对同一样品的测定值也不同。而我国的污水综合排放标准中 COD 指标是指重铬酸钾法的测定结果。可按下式将 COD_{OH-KI} 换算为 COD_{Cr}：

$$COD_{Cr} = \frac{COD_{OH-KI}}{K}$$

式中 K 为碘化钾碱性高锰酸钾法的氧化率与重铬酸盐法氧化率的比值，可以分别用碘化钾碱性高锰酸钾法和重铬酸盐法测定同一有代表性的废水样品的需氧量来确定。

若用碘化钾碱性高锰酸钾法和重铬酸盐法测定同一有代表性的废水样品的需氧量分别为 COD_1 和 COD_2，则 K 值可以用下式计算：

$$K = \frac{COD_1}{COD_2}$$

若水中含有几种还原性物质，则取它们的加权平均 K 值作为水样的 K 值。

二、高锰酸盐指数

高锰酸盐指数（Permanganate Index）是指在一定条件下，以高锰酸钾为氧化剂氧化水样中的还原性物质所消耗的高锰酸钾的量，以氧的质量浓度（mg/L）来表示。

因高锰酸钾在酸性介质中的氧化能力比在碱性介质中的氧化能力强，故常分为酸性高锰酸钾法和碱性高锰酸钾法，分别适用于不同水样的测定。

取一定量水样（一般取 100 mL），在酸性或碱性条件下，加入 10.0 mL 高锰酸钾溶液，沸水浴 30 min 以氧化水样中还原性无机物和部分有机物。加入过量的草酸钠溶液还原剩余的高锰酸钾，再用高锰酸钾标准溶液滴定过量的草酸钠。反应式如下．

水样未稀释时，高锰酸盐指数（O_2，mg/L）按下式计算：

$$\text{高锰酸盐指数（}O_2\text{，mg/L）} = \frac{1}{4} \times \frac{c[(10+V_1)K - 10]M(O_2)}{V} \times 10^3$$

式中　c——草酸钠标准溶液的浓度，mol/L；

V_1——滴定水样消耗高锰酸钾标准溶液的体积，mL；

K——校正系数［每毫升高锰酸钾标准溶液相当于草酸钠标准溶液的体积（mL）］；

$M(O_2)$——氧气的摩尔质量，g/mol；

V——水样的体积，mL。

若水样的高锰酸盐指数超过 5 mg/L 时，应少取水样稀释后再测定。稀释后水样的高锰酸盐指数（O_2，mg/L）按下式计算：

高锰酸盐指数（O_2，mg/L）=

$$\frac{1}{4} \times \frac{c\{[(10+V_1)K - 10] - [(10+V_0)K - 10]f\}M(O_2)}{V} \times 10^3$$

式中　c——草酸钠$\left(\frac{1}{2}Na_2C_2O_4\right)$标准溶液的浓度，mol/L；

V_1——滴定水样消耗高锰酸钾标准溶液的体积，mL；

V_0——空白试验消耗高锰酸钾标准溶液的体积，mL；

K——校正系数［每毫升高锰酸钾标准溶液相当于草酸钠标准溶液的体积（mL）］；

f——稀释水样中含稀释水的比值；

$M(O_2)$——氧气的摩尔质量，g/mol；

V——原水样的体积，mL。

国际标准化组织（ISO）建议高锰酸盐指数仅限于测定地表水、饮用水和生活污水。

若水样中氯离子含量不高于 300 mg/L 时，采用酸性高锰酸钾法；若氯离子含量高于 300 mg/L 时，采用碱性高锰酸钾法。

三、生化需氧量

生化需氧量（Biochemical Oxygen Demand，BOD）是指在规定的条件下，微生物分解水中某些物质（主要为有机物）的生物化学过程中所消耗的溶解氧。由于规定的条件是在（20±1）℃条件下暗处培养 5 d，因此被称为五日生化需氧量，用 BOD_5 表示，单位为 mg/L。

BOD_5 是反映水体被有机物污染程度的综合指标，也是研究污水的可生化降解性和生化处理效果，以及生化处理污水工艺设计和动力学研究中的重要参数。

测定五日生化需氧量的方法可以分为溶解氧含量测定法、微生物传感器快速测定法和测压法三类。溶解氧的含量测定法是分别测定培养前后培养液中溶解氧的含量，进而计算出 BOD_5 的值，根据水样是否稀释或接种又分为非稀释法、非稀释接种法、稀释法和稀释接种法。如样品中的有机物含量较少，BOD_5 的质量浓度不大于 6 mg/L，且样品中有足够的微生物，用非稀释法测定；若样品中的有机物含量较少，BOD_5 的质量浓度不大于 6 mg/L，但样品中缺少足够的微生物，如酸性废水、碱性废水、高温废水、冷冻保存的废水或经过氯化处理等的废水，须采用非稀释接种法测定。若试样中的有机物含量较多，BOD_5 的质量浓度大于 6 mg/L，且样品中有足够的微生物，采用稀释法测定；若试样中的有机物含量较多，BOD_5 的质量浓度大于 6 mg/L，但试样中无足够的微生物，必须采用稀释接种法测定。该方法适用于地表水、工业废水和生活污水中 BOD_5 的测定。

（一）溶解氧含量测定法

1. 非稀释法

（1）水样的采集与保存

采集的样品应充满并密封于棕色玻璃瓶中，样品量不小于 1000 mL，在 0~4 ℃的暗处运输和保存，并于 24 h 内尽快分析。

（2）试样的制备与培养

若样品中溶解氧浓度低，需要用曝气装置曝气 15 min，充分振摇赶走样品中残留的空气泡；若样品中氧过饱和，使样品量达到容器 2/3 体积，用力振荡赶出过饱和氧。将试样充满溶解氧瓶中，使试样少量溢出，防止试样中的溶解氧质量浓度改变，使瓶中存在的气泡靠瓶壁排出，盖上瓶塞。在制备好的试样的溶解氧瓶上加上水封，在瓶塞外罩上密封罩，防止培养期间水封水蒸发干，在恒温培养箱中于（20±1）℃条件下培养 5 d±4 h。

（3）溶解氧的测定与结果计算

在制备好试样 15 min 后测定试样在培养前溶解氧的质量浓度，在培养 5 d 后测定试样在培养后溶解氧的质量浓度。测定前待测试样的温度应达到（20±2）℃，测定方法可采用碘量法或电化学探头法，按下式计算 BOD_5：

$$BOD_5 (O_2, mg/L) = DO_1 - DO_2$$

式中　　DO_1——水样在培养前溶解氧的质量浓度，mg/L；

　　　　DO_2——水样在培养后溶解氧的质量浓度，mg/L。

2. 非稀释接种法

向不含有或少含有微生物的工业废水中引入能分解有机物的微生物的过程，称为接种。用来进行接种的液体称为接种液。

（1）接种液的制备

获得适用的接种液的方法有：购买接种微生物用的接种物质，按说明书的要求操作配制接种液；采用未受工业废水污染的生活污水，要求化学需氧量不大于 300 mg/L，总有机碳不大于 100 mg/L；采取含有城镇污水的河水或湖水；采用污水处理厂的出水。

要测定某些含有不易被一般微生物所分解的有机物工业污水的 BOD_5 时，须进行微生物的驯化。通常在工业废水排污口下游适当处取水样作为废水的驯化接种液，也可采用一定量的生活污水，每天加入一定量的待测工业废水，连续曝气培养，当水中出现大量的絮状物时（驯化过程一般需要 3~8 d），表明微生物已繁殖，可用作接种液。

（2）接种水样、空白样的制备与培养

水样中加入适量的接种液后作为接种水样，按非稀释法同样的培养方法培养。若试样中含有硝化细菌，有可能发生硝化反应，须在每升试样中加入 2 mL 丙烯基硫脲硝化抑制剂（1.0 g/L）。

在每升稀释水（配制方法见稀释法）中加入与接种水样中相同量的接种液作为空白样，需要时每升空白样中加入 2 mL 丙烯基硫脲硝化抑制剂（1.0 g/L）。与接种水样同时、同条件进行培养。

（3）溶解氧的测定与结果计算

采用碘量法或电化学探头法分别测定培养前后接种水样、空白样中溶解氧的质量浓度，按下式计算 BOD_5：

$$BOD_5（O_2，mg/L）=（DO_1-DO_2）-（D_1-D_2）$$

式中　DO_1——接种水样在培养前溶解氧的质量浓度，mg/L；

　　　　DO_2——接种水样在培养后溶解氧的质量浓度，mg/L；

　　　　D_1——空白样在培养前溶解氧的质量浓度，mg/L；

　　　　D_2——空白样在培养后溶解氧的质量浓度，mg/L。

3. 稀释法

（1）水样的预处理

若样品或稀释后样品 pH 值不在 6~8 的范围内，应用盐酸溶液（0.5 mol/L）或氢氧化钠溶液（0.5 mol/L）调节其 pH 值至 6~8；若样品中含有少量余氯，一般在采样后放置 1~2 h，游离氯即可消失。对在短时间内不能消失的余氯，可加入适量亚硫酸钠溶液去除样品中存在的余氯和结合氯；对于含有大量颗粒物、需要较大稀释倍数的样品或经冷冻保存的样品，测定前均须将样品搅拌均匀；若样品中有大量藻类存在，会导致 BOD_5 的测定结果偏高。当分析结果精度要求较高时，测定前应用滤孔为 1.6 μm 的滤膜过滤，检测报告中注明滤膜滤孔的大小。

（2）稀释水的制备

在 5~20 L 的玻璃瓶中加入一定量的水，控制水温在（20±1）℃，用曝气装置至少曝气 1 h，使稀释水中的溶解氧达到 8 mg/L 以上。使用前每升水中加磷酸盐缓冲溶液、硫酸镁溶液（11 g/L）、氯化钙溶液（27.6 g/L）和氯化铁溶液（0.15 g/L）各 1.0 mL，混匀，于 20 ℃保存。在曝气的过程中应防止污染，特别是防止带入有机物、金属、氧化物或还原物。稀释水中氧的质量浓度不能过饱和，使用前要开口放置 1 h，且应在 24 h 内使用。

（3）稀释水样、空白样的制备与培养

用稀释水（配制方法同非稀释接种法）稀释后的样品作为稀释水样。按照确定的稀释倍数，将一定体积的试样或处理后的试样用虹吸管加入已盛有部分稀释水的稀释容器中，加稀释水至刻度，轻轻混合避免残留气泡。若稀释倍数超过 100 倍，可进行两步或多步稀释。若样品中含有硝化细菌，有可能发生硝化反应，须在每升培养液中加入 2 mL 丙烯基硫脲硝化抑制剂（1.0 g/L）。在制备好的稀释水样的溶解氧瓶上加上水封，在瓶塞外罩上密封罩，在恒温培养箱中于（20±1）℃条件下培养 5d±4 h。

以稀释水作为空白样，需要时每升稀释水中加入 2 mL 丙烯基硫脲硝化抑制剂（1.0 g/L）。与稀释水样同时、同条件进行培养。

（4）溶解氧的测定与结果计算

采用碘量法或电化学探头法分别测定培养前后稀释水样、空白样中溶解氧的质量浓度，按下式计算 BOD_5：

$$BOD_5(O_2, \ mg/L) = \frac{(DO_1 - DO_2) - (D_1 - D_2)f_1}{f_2}$$

式中　DO_1——接种水样在培养前溶解氧的质量浓度，mg/L；

　　　　DO_2——接种水样在培养后溶解氧的质量浓度，mg/L；

　　　　D_1——空白样在培养前溶解氧的质量浓度，mg/L；

　　　　D_2——空白样在培养后溶解氧的质量浓度，mg/L；

　　　　f_1——稀释水在培养液中所占比例；

　　　　f_2——水样在培养液中所占比例。

（二）微生物传感器快速测定法

微生物传感器（Microorganism Sensor）由氧电极和微生物菌膜组成，当含有饱和溶解氧的样品进入流通池中与微生物传感器接触时，样品中溶解的可生化降解的有机物受到微生物菌膜中菌种的作用而消耗一定量的氧，使扩散到氧电极表面上氧质量减少。当样品中可生化降解的有机物向菌膜扩散速度（质量）达到恒定时，此时扩散到氧电极表面上的氧质量也达到恒定，从而产生一个恒定的电流。由于恒定电流差值与氧的减少量存在定量关系，可直接读取仪器显示浓度值，或由工作曲线查出水样中的 BOD_5。

该法适用于地表水、生活污水及不含对微生物有明显毒害作用的工业废水中 BOD_5 的测定。

（三）测压法

在密闭的培养瓶中，系统中的溶解氧由于微生物降解有机物而不断消耗。产生与耗氧量相当的 CO_2 被吸收后，使密闭系统的压力降低，通过压力计测出压力降，即可求出水样的 BOD_5。在实际测定中，先以标准葡萄糖谷氨酸溶液的 BOD_5 和相应的压差进行曲线校正，便可直接读出水样的 BOD_5。

四、总需氧量

总需氧量（Total Oxygen Demand, TOD）是指水中能被氧化的物质，主要是有机质在燃烧中变成稳定的氧化物时所需要的氧量，结果以氧气的质量浓度（mg/L）表示。

总需氧量常用 TOD 测定仪来测定，将一定量水样注入装有铂催化剂的石英燃烧管中，通入含已知氧浓度的载气（氮气）作为原料气，则水样中的还原性物质在 900 ℃下被瞬间燃烧氧化，测定燃烧前后原料气中氧浓度减少量，即可求出水样的 TOD 值。

TOD 是衡量水体中有机物污染程度的一项指标。TOD 值能反映几乎全部有机物质经燃烧后变成 CO_2、H_2O、NO、SO_2 等所需要的氧量，它比 BOD_5、COD 和高锰酸盐指数更接近理论需氧量值。

有资料表明 BOD/TOD 为 0.1~0.6，COD/TOD 为 0.5~0.9，但它们之间没有固定相关关系，具体比值取决于污水性质。

水样中有机物的种类可用 TOD 和 TOC（总有机碳）的比例关系来判断。对于含碳化合物来说，碳原子被完全氧化时，一个碳原子需要两个氧原子，而两个氧原子与一个碳原子的原子量比值为 2.67，于是理论上 TOD/TOC = 2.67。若某水样的 TOD/TOC ≈ 2.67，可认为主要是含碳有机物；若 TOD/TOC>4.0，可认为有较大量含硫、磷的有机物；若 TOD/TOC<2.6，可认为有较大量的硝酸盐和亚硝酸盐，它们在高温和催化作用下分解放出氧，使 TOD 测定呈现负误差。

五、总有机碳

总有机碳（Total Organic Carbon，TOC）指溶解和悬浮在水中所有有机物的含碳量，是以碳的含量表示水体中有机物质总量的综合指标。近年来，国内外已研制各种总有机碳分析仪，按工作原理可分为燃烧氧化-非色散红外吸收法、电导法、气相色谱法、湿法氧化-非色散红外吸收法等。目前广泛采用燃烧氧化-非色散红外吸收法。

（一）差减法

将试样连同净化气体分别导入高温燃烧管（900 ℃）和低温反应管（150 ℃）中，经高温燃烧管的试样被高温催化氧化，其中的有机碳和无机碳均转化为二氧化碳，低温石英管中装有磷酸浸渍的玻璃棉，能使无机碳酸盐在 150 ℃分解为二氧化碳，而有机物却不能被氧化分解。将两种反应管中生成的二氧化碳分别导入非分散红外检测器，分别测得总碳（TC）和无机碳（IC），二者之差即为总有机碳（TOC）。

（二）直接法

试样经过酸化将其中的无机碳转化为二氧化碳，曝气去除二氧化碳后，再将试样注入高温燃烧管中，以铂和三氧化钴或三氧化二铬为催化剂，使有机物燃烧转化为二氧化碳，导入非分散红外检测器直接测定总有机碳。

该方法适用于地表水、地下水、生活污水和工业废水中总有机碳（TOC）的测定，检出限为 0.1 mg/L，测定下限为 0.5 mg/L。

由于该法可使水样中的有机物完全氧化，因此，TOC 比 COD、BOD_5 和高锰酸盐指数能更准确地反映水样中有机物的总量。当地表水中无机碳含量远高于总有机碳时，会影响总有机碳的测定精度。地表水中常见共存离子无明显干扰，当共存离子浓度较高时，可影响红外吸收，用无二氧化碳水稀释后再测。

第三章 大气和废气监测

第一节 大气中二氧化硫的测定

一、空气污染物及其存在状态

(一) 大气与空气

大气是指包围在地球周围的气体，其厚度达 1000~1400 km，世界气象组织按大气温度的垂直分布将大气分为对流层、平流层、中间层、热成层、逸散层。而空气则是指对人类及生物生存起重要作用的近地面约 10 km 内的气体层（对流层），占大气总质量的 95% 左右。一般来说，空气范围比大气范围要小得多。但在环境污染领域，"大气"与"空气"一般不予区分，常作为同义词使用。

自然状态下，大气是由混合气体、水汽和杂质组成。根据其组成特点可分为恒定组分、可变组分、不定组分。氮气、氧气、氩气占空气总量的 99.97%，在近地层大气中上述气体组分的含量几乎认为是不变的，称为恒定组分。可变的组分包括二氧化碳、水蒸气、臭氧等。这些气体受地区、季节、气象以及人们生活和生产活动的影响，随时间、地点、气象条件等的不同而变化。不定组分是由自然因素和人为因素形成的气态物质和悬浮颗粒，如尘埃、硫、硫氧化物、硫化氢、氮氧化物等。

(二) 空气污染物及其存在状态

空气污染物系指由于人类活动或自然过程排入空气的并对人或环境产生有害影响的物质。空气污染物种类繁多，是由气态物质、挥发性物质、半挥发性物质和颗粒物质（PM）的混合物组成的，其组成成分形态多样，性质复杂。目前已发现有害作用而被人们注意到的有 100 多种。

1. 空气污染物的分类

依据空气污染物的形成过程，通常将空气污染物分为一次污染物和二次污染物。

一次污染物是直接从各种污染源排放到大气中的有害物质，常见的主要有二氧化硫、氮氧化物、一氧化碳、碳氢化合物、颗粒性物质等。颗粒性物质中包含苯并［a］芘等强致癌物质、有毒重金属、多种有机物和无机物等。

二次污染物是一次污染物在大气中相互作用或它们与大气中的正常组分发生反应所产生的新污染物。常见的二次污染物有硫酸盐、硝酸盐、臭氧、醛类（乙醛和丙烯醛等）、过氧乙酰硝酸酯（PAN）等。二次污染物的毒性一般比一次污染物的毒性大。

2. 空气中污染物的存在状态

由于各种污染物的物理、化学性质不同，形成的过程和气象条件也不同，因此，污染物在大气中存在的状态也不尽相同。一般按其存在状态分为分子状态污染物和粒子状态污染物两类。分子状态污染物也称气体状态污染物，粒子状态污染物也称气溶胶状态污染物或颗粒污染物。

（三）空气中污染物的时空分布特征

1. 污染物在空气中时空分布受气象条件变化的影响显著

气象条件改变会显著影响空气中污染物的稀释与扩散情况，进而影响其时空分布特征。风向、风速、大气湍流、大气稳定度等气象条件总在不停地改变，因而，同一污染源对同一地点在不同时间所造成的地面空气污染浓度往往相差数倍至数十倍；同一时间不同地点也相差甚大。二氧化氮等一次污染物因受逆温层及气温、气压等限制，清晨和黄昏浓度较高，中午较低；光化学烟雾等二次污染物，因在阳光照射下才能形成，故中午浓度较高，清晨和夜晚浓度低。风速大，大气不稳定，则污染物稀释扩散速度快，浓度变化也快；反之，稀释扩散慢，浓度变化也慢。

2. 污染物在空气中时空分布因污染源类型和污染物性质不同而不同

污染源的类型、排放规律及污染物的性质不同，其时空分布特点也不同。点污染源或线污染源排放的污染物浓度变化较快，涉及范围较小；大量地面小污染源（如分散供热锅炉等）构成的面污染源排放的污染浓度分布比较均匀，并随气象条件变化有较强的变化规律。质量轻的分子态或气溶胶态污染物高度分散在空气中，易扩散和稀释，随时空变化快；质量较重的尘、汞蒸气等，扩散能力差，影响范围较小。

3. 污染物在空气中时空分布因地形地貌的改变而变化

地形地貌影响风向、风速和大气稳定度，进而影响空气污染物的时空分布特征。相同排放强度的同一类污染源在平原地区与在山谷地区、在郊区农村与在城镇市区所造成的污染情况不同。同一空气污染事故，发生在不同地形地貌的区域，其空气中污染物含量的分布也不同。

二、空气污染监测分类

空气污染监测一般可分为以下三类：

（一）污染源的监测

如对烟囱、机动车排气口的检测。目的是了解这些污染源所排出的有害物质是否达到现行排放标准的规定；对现有的净化装置的性能进行评价；通过对长期监测数据的分析，可为进一步修订和充实排放标准及制定环境保护法规提供科学依据。

（二）环境污染监测

监测对象不是污染源而是整个空气。目的是了解和掌握环境污染的情况，进行空气污染质量评价，并提出警戒限度；研究有害物质在空气中的变化规律，二次污染物的形成条件；通过长期监测，为修订或制定国家卫生标准及其他环境保护法规积累资料，为预测预报创造条件。

（三）特定目的的监测

选定一种或多种污染物进行特定目的的监测。例如，研究燃煤火力发电厂排出的污染物对周围居民呼吸道的危害，首先应选定对上呼吸道有刺激作用的污染物 SO_2、H_2SO_4、雾、飘尘等做监测指标，再选定一定数量的人群进行监测。由于目的是监测污染物对人体健康的影响，所以测定每人每日对污染物接受量，以及污染物在一天或一段时间内的浓度变化，就是这种监测的特点。

三、空气污染监测技术的发展

（一）在线自动监测系统

环境中污染物质的浓度和分布是随时间、空间、气象条件及污染源排放情况等因素的变化而不断变化的。由于定时、定点人工采样测定结果不能确切反映污染物质的动态变化规律，20世纪70年代初，一些国家或地区相继建立起了常年连续工作的大气污染自动监测系统和水质污染连续监测系统，使环境监测工作向连续自动化方向发展。

空气自动监测系统（APMS）就是在一个工厂、一个城市、一个地区甚至一个国家设置若干装有连续监测仪器的自动监测站，由一个中心站控制若干个子站和信息传输的系统。

空气污染自动监测系统的采样装置比较简单，一般用适当的探头在监测位置直接抽取气样。

空气污染自动监测系统的检测仪器分为两类：一类是测定气象参数的仪器，如气温、气压、风向、风速、湿度及日照等检测仪器；另一类是测定大气污染物浓度的仪器。污染物监测项目是由监测系统的设置任务而决定的。通常情况下，污染物浓度的监测项目有二氧化硫、氮氧化物、一氧化碳、臭氧、总烃及飘尘等。

（二）便携式现场监测仪器

我国地域辽阔，各类企业分布很广，常有突发性环境空气污染事故。因此，简易便携式现场监测仪器有很大的应用前景。这类仪器的使用不仅可以减少环境试样在传输过程中的污染，减少固定和保存的繁杂手续，还可以大大减少分析人员的工作量，便于实时掌握环境空气污染的动态变化趋势。但从目前的便携式现场监测仪器来看，无机污染物的监测分析仪器较多，开发有机污染物的监测分析仪器是该领域的发展方向。

便携式仪器具有防尘、防水、质轻和耐腐蚀等特性，再加上配有手提工作箱，所有附件一应俱全，便于野外操作。仪器可以自动多点校正，自动温度补偿，可自动完成查找方法、调试波长、测试、显示结果等过程，并可储存数据。

按测试项目仪器可分为单项分析型和多项分析型。单项分析型只能测试单一参数，而多项分析型可同时测定两个以上的参数。各测试探头均使用不锈钢制造，电极端再外加塑料保护套，确保坚固耐用。测试时根据监测任务的要求，利用各部件均可独立更换的特性，自由选配不同的电极组成一个测试系统，再用特定的校准溶液校正后，将电极浸入水中，即可得到测定结果。

（三）遥感遥测技术

遥感监测技术是通过收集环境的电磁波信息对远离的环境目标的环境质量状况进行监测识别的技术。它是一种先进的环境信息获取技术，其在获取大面积同步和动态环境信息方面的"快"且"全"，是其他环境监测手段无法比拟和完成的，因此得到日益广泛的应用。

遥感遥测技术无须采样，可以直接监测到环境空气中污染物的种类、分布及运动情况。从工作原理上来分，遥感遥测技术可分为感应遥测和激发遥测两大类。

感应遥测是通过接收监测目标反射的太阳光或发射的能量进行测量的。激发遥测是将电磁波或激光光束射入空气，由于反射波或反射光随空气的化学组成的不同而变化，通过对反射波或反射光的分析，测量出污染物的分布情况。激发遥测一般指的是激光雷达遥测。

"3S"技术是遥感RS（Remote Sensing）、全球定位系统GPS（Global Position System）和地理信息系统GIS（Geographic Information System）。前两个"S"是通过遥感接收、传送的，后一个"S"是对地面的计算机图像图形和属性数据的处理。整体"3S"系统要经过地面和卫星遥感通信连成计算机网络。

"3S"技术已发展成为世界范围内研究人类生活的地球环境变迁及进一步探讨人类本身生存与可持续发展问题的强大技术支撑。

（四）环境空气监测技术发展趋势

目前，国内外环境监测领域的发展集中在以下六方面：

一是以现场人工采样和实验室分析为主向多参数网络在线、多功能自动化监测方向发展；

二是环境空气样品处理技术由手工单样品处理向在线自动化和批量化处理方向发展；

三是由较窄领域的局部监测、单纯的地面环境监测向全方位领域监测和与遥感环境监测相结合的方向发展；

四是野外和现场环境空气监测仪器将向便携式、小型化方向发展；

五是环境空气监测仪器向物理、化学、生物、电子、光学等技术综合应用的高技术领域发展，表现出高精度、自动化、集成化和网络化；

六是环境空气监测方法的综合性、灵敏性和多功能性日益增强，方法检出限越来越低。

四、空气污染监测方案的制订

制订空气污染监测方案首先要根据监测目的进行调查研究，收集必要的基础资料。然后经过综合分析，确定监测项目，设计布点网络，选定采样频率、采样方法和监测技术，建立质量保证程序和措施，提出监测结果报告要求及进度计划。

（一）监测目的

一是通过对空气环境中主要污染物进行定期或连续的监测，判断空气质量是否符合国家制定的空气质量标准，并为编写空气环境质量标准状况评价报告提供依据。

二是为研究空气质量的变化规律和发展趋势，开展空气污染的预测预报工作提供依据。

三是为政府部门执行有关环境保护法规，开展环境质量管理及修订空气环境质量标准提供基础资料和依据。

（二）基础资料的收集

1. 污染源分布及排放情况

将污染源类型、数量、位置及排放的主要污染种类、排放量和所用的原料、燃料及消耗量等调查清楚。另外，要注意将高烟囱排放的较大污染源与低烟囱排放的小污染源区别开来，将一次污染物和由于光化学反应产生的二次污染物区别开来。

2. 气象资料

污染物在大气中的扩散、输送和一系列的物理、化学变化在很大程度上取决于当时的气象条件。因此，要收集监测区域的风向、风速、气温、气压、降水量、日照时间、相对湿度、温度的垂直梯度和逆温层底部高度等资料。了解本地常年主导风向，大致估计出污染物的可能扩散概况。

3. 地形资料

地形对当地的风向、风速和大气稳定情况等有影响，因此，是设置监测网点时应考虑的重要因素。

4. 土地利用和功能分区情况

工业区、商业区、混合区、居民区等不同功能区，其空气污染状况及空气质量要求各不相同，因而在设置监测网点时，必须分别予以考虑。因此，在制订空气污染监测方案时应当收集监测区域的土地利用情况及功能区划分方面的资料。

5. 人口分布及人群健康情况

开展空气质量监测是为了了解空气质量状况，保护人群健康。因此，收集掌握监测区域的人口分布、居民和动植物受空气污染危害情况以及流行性疾病等资料，对制订监测方案、分析判断监测结果是非常有用的。

6. 监测区域以往的大气监测资料

可以利用已有的监测资料推断分析应设监测点的数量和位置。

（三）监测项目确定

空气中的污染物质多种多样，应根据优先监测的原则，选择那些危害大、涉及范围广、测定方法成熟，并有标准可比的项目进行监测。

1. 必测项目与选测项目

必测项目：SO_2、氮氧化物、TSP、硫酸盐化速率、灰尘、自然降尘量。

选测项目：CO、飘尘、光化学氧化剂、氟化物、铅、Hg、苯并［a］芘、总烃及非甲烷烃。

2. 连续采样实验室分析项目

必测项目：SO_2、氮氧化物、总悬浮颗粒物、硫酸盐化速率、灰尘、自然降尘量。

选测项目：CO、可吸入颗粒物（PM10、PM2.5）、光化学氧化剂、氟化物、铅、苯并［a］芘、总烃及非甲烷烃。

3. 空气环境自动监测系统监测项目

必测项目：SO_2、NO_2、总悬浮颗粒物或可吸入颗粒物（PM10、PM2.5）、CO。

选测项目：臭氧、总碳氢化合物。

（四）监测网点的布设

1. 采样点布设原则和要求

采样点应设在整个监测区域的高、中、低三种不同污染物浓度的地方。

采样点应选择在有代表性的区域内，按工业和人口密集的程度以及城市、郊区和农村的状况，可酌情增加或减少采样点。

采样点要选择在开阔地带，应在风向的上风口，采样口水平线与周围建筑物高度的夹角应不大于300°。测点周围无局部污染源，并应避开树木及吸附能力较强的建筑物。交通密集区的采样点应设在距人行道边缘至少1.5 m远处。

各采样点的设置条件要尽可能一致或标准化，使获得的监测数据具有可比性。

采样高度应根据监测目的而定。研究大气污染对人体的危害，采样口应在离地面1.5~2 m处；研究大气污染对植物或器物的影响，采样点高度应与植物或器物的高度相近。连续采样例行监测采样高度为距地面3~15 m，以5~10 m为宜；降尘的采样高度为距地面5~15 m，以8~12 m为宜。TSP、降尘、硫酸盐化速率的采样口应与基础面有1.5 m以上的相对高度，以减少扬尘的影响。

2. 采样点数目

在一个监测区内，采样点的数目设置是一个与精度要求和经济投资相关的效益函数，应根据监测范围大小、污染物的空间分布特征、人口分布密度、气象、地形、经济条件等因素综合考虑确定。

3. 采样点布设方法

（1）功能区布点法

功能区布点法多用于区域性常规监测。布点时先将监测地区按环境空气质量标准划分成若干"功能区"，如工业区、商业区、居民区、居住与中小工业混合区、市区背景区等，再按具体污染情况和人力、物力条件在各区域内设置一定数目的采样点。各功能区的采样点数不要求平均，一般在污染较集中的工业区和人口较密集的居民区多设采样点。

（2）网格布点法

对于多个污染源，且在污染源分布较均匀的情况下，通常采用网格布点法。此法是将监测区域地面划分成若干均匀网状方格，采样点设在两条直线的交点处或方格中心。网格大小视污染强度、人口分布及人力、物力条件等确定。若主导风向明显，下风向设点要多一些，一般约占采样点总数的60%。

（3）同心圆布点法

同心圆布点法主要用于多个污染源构成的污染群，且重大污染源较集中的地区。先找出污染源的中心，以此为圆心在地面上画若干个同心圆，再从圆心作若干条放射线，将放射线与圆周的交点作为采样点。圆周上的采样点数目不一定相等或均匀分布，常年主导风向的下风向应多设采样点。例如，同心圆半径分别取5 km、10 km、15 km、20 km，从里向外各圆周上分别设4、8、8、4个采样点。

（4）扇形布点法

扇形布点法适用于孤立的高架点源，且主导风向明显的地区。以点源为顶点，呈45°扇形展开，夹角可大些，但不能超过90°，采样点设在扇形平面内距点源不同距离的若干弧线上。每条弧线上设3或4个采样点，相邻两点与顶点的夹角一般取10°~20°。在上风向应设对照点。

（5）平行布点法

平行布点法适用于线性污染源。线性污染源如公路等，在距公路两侧1 m左右布设监测网点，然后在距公路100 m左右的距离布设与前面监测点对应的监测点，目的是了解污染物经过扩散后对环境产生的影响。在前后两点对比采样的时候注意污染物组分的变化。

在采用同心圆布点法和扇形布点法时，应考虑高架点源排放污染物的扩散特点，在不计污染物本底浓度时，点源脚下的污染物浓度为零，随着距离的增加，很快出现浓度最大值，然后按指数规律下降。因此，同心圆或弧线不宜等距离划分，而是靠近最大浓度值的地方密一些，以免漏测最大浓度的位置。

以上几种采样布点的方法，可以单独使用，也可以综合使用，目的就是要有代表性地反映污染物浓度，为大气环境监测提供可靠的样品。

（五）采样时间和采样频率

采样时间指每次从开始到结束所经历的时间，也称采样时段。采样频率指一定时间范围内的采样次数。

采样时间和频率要根据监测目的、污染物分布特征及人力物力等因素决定。短时间采样，试样缺乏代表性，监测结果不能反映污染物浓度随时间的变化，仅适用于事故性污染、初步调查等的应急监测。增加采样频率，也就相应地增加了采样时间，积累足够多的数据，样品就具有较好的代表性。

最佳采样和测定方式是使用自动采样仪器进行连续自动采样，再配以污染组分连续或间歇自动监测仪器，其监测结果能很好地反映污染物浓度的变化，能取得任意一段时间（一天、一月或一季）的代表值（平均值），监测项目不同，其采样频率和采样时间也不同。

五、二氧化硫（SO_2）的测定

SO_2 是一种无色、易溶于水、有刺激性气味的气体，是主要空气污染物之一，是例行监测的必测项目。环境空气 SO_2 测定的国标方法是四氯汞盐-盐酸副玫瑰苯胺分光光度法和甲醛缓冲溶液吸收-副玫瑰苯胺分光光度法。

（一）四氯汞盐-盐酸副玫瑰苯胺分光光度法

1. 测定原理

空气中的 SO_2 被四氯汞钾溶液吸收后，生成稳定的二氯亚硫酸盐络合物；该络合物再与甲醛及盐酸副玫瑰苯胺作用，生成紫色络合物，其颜色深浅与 SO_2 含量成正比；在548 nm 或 575 nm 处测定吸光度，比色定量。该方法具有灵敏度高、选择性好等优点，但吸收液毒性较大。

2. 测定要点

首先配制好所需试剂，用空气采样器采样；其次按要求，用亚硫酸钠标准溶液配制标准色列、试剂空白溶液，并将样品吸收液显色、定容；最后，在最大吸收波长处以蒸馏水做参比，用分光光度计测定标准色列、试剂空白和样品试液的吸光度；以标准色列 SO_2 含量为横坐标，相应吸光度为纵坐标，绘制标准曲线，并计算出计算因子（标准曲线斜率的倒数），按下式计算空气中 SO_2 浓度：

$$C = \frac{(A - A_0) \cdot B_s}{V_0} \cdot \frac{V_t}{V_a}$$

式中　C——空气中 SO_2 浓度（mg/m³）；

　　　A——样品试液的吸光度；

　　　A_0——试剂空白溶液的吸光度；

　　　B_s——计算因子，μg/吸光度；

　　　V_0——换算成标准状况下的采样体积（L）；

　　　V_t——样气吸收液总体积（mL）；

　　　V_a——测定时所取样气吸收液体积（L）。

3. 注意事项

有两种操作方法：一种方法是所用盐酸副玫瑰苯胺显色溶液含磷酸量较少，最终显色溶液 pH 值为 1.6±0.1，呈红紫色，最大吸收波长在 548 nm 处，试剂空白值较高，最低检出限为 0.75 μg/25 mL；当采样体积为 30 L 时，最低检出浓度为 0.025 mg/m³。另一种方法是所用盐酸副玫瑰苯胺显色溶液含磷酸量较多最终显色溶液 pH 值为 1.2±0.1，呈蓝紫色，最大吸收波长在 575 nm 处，试剂空白值较低，最低检出限为 0.40 μg/7.5 mL；当采样体积为 10 L 时，最低检出浓度为 0.04 mg/m³，灵敏度略低。

温度、酸度、显色时间等因素影响显色反应，标准溶液和试样溶液操作条件应保持一致。

氮氧化物、臭氧、锰、铁、铬等离子对测定有干扰。采样后放置片刻，臭氧可自行分解；加入磷酸和乙二胺四乙酸二钠盐可消除或减小某些金属离子的干扰。

（二）甲醛缓冲溶液吸收-副玫瑰苯胺分光光度法

该方法避免了使用毒性大的四氯汞钾吸收液，在灵敏度、准确度诸方面均可与四氯汞钾溶液吸收法相媲美，且样品采集后相当稳定，但操作条件要求较严格。

1. 测定原理

气样中 SO_2 的被甲醛缓冲溶液吸收后，生成稳定的羟基甲磺酸加成化合物，加入氢氧化钠溶液使加成化合物分解，释放出 SO_2 与盐酸副玫瑰苯胺反应，生成紫红色络合物，其最大吸收波长为 577 nm，用分光光度法测定。

该方法最低检出限为 0.20 μg/10 mL。当用 10 mL 吸收液采气 10 L 时，最低检出浓度为 0.020 mg/m³。

2. 测定要点

该方法的测定要点除吸收液不同外，其余过程与四氯汞盐-盐酸副玫瑰苯胺分光光度法基本相同。即先配试剂，再采样，再配制标准色列和试剂空白溶液；再显色定容，最后测定吸光度、绘制标准曲线和计算空气 SO_2 浓度。

第二节　大气总悬浮颗粒物的测定

一、颗粒物称重技术的基本原理

（一）总悬浮微粒（TSP）称重法原理

抽取一定体积的空气（大流量为 $0.967 \sim 1.14\ m^3/min$，中流量为 $0.05 \sim 0.15\ m^3/min$），通过已恒重的滤膜，空气中粒径在 $100\ \mu m$ 以下的悬浮颗粒物被阻留在滤膜上，根据采样前后滤膜重量之差及采样体积，可计算总悬浮颗粒物的质量浓度，滤膜经处理后，可进行组分分析。

$$\text{总悬浮颗粒物}(TSP,\ mg/m^3) = \frac{W}{Q_n \cdot t}$$

式中　W——采集在滤膜上的总悬浮颗粒物质量（mg）；

　　　Q_n——标准状态下的采样流量（m^3/min）；

　　　T——采样时间（min）。

$$Q_n = Q_2 \sqrt{\frac{T_3 \cdot P_2}{T_2 \cdot P_3}} \times \frac{273 \times P_3}{101.3 \times T_3} = Q_2 \sqrt{\frac{P_2 \cdot P_3}{T_2 \cdot T_3}} \times \frac{273}{101.3} = 2.69 \times Q_2 \sqrt{\frac{P_2 \cdot P_3}{T_2 \cdot T_3}}$$

式中　Q_2——现场采样流量（m^3/min）；

　　　P_2——采样器现场校准时大气压力（kPa）；

　　　P_3——采样时大气压力（kPa）；

　　　T_2——采样器现场校准时空气温度（K）；

　　　T_3——采样时的空气温度（K）。

若 T_3、P_3 与采样器现场校准时的 T_2、P_2 相近，可用 T_2、P_2 代之。

（二）空气中细颗粒物（$PM_{2.5}$）称重法测定原理

使一定体积的空气通过带有 $2.5\ \mu m$ 切割器的大流量采样器，小于 $2.5\ \mu m$ 的细颗粒物被收集在已恒重的滤膜上，根据采样前后滤膜质量之差及采样体积即可计算出可吸入颗粒物的质量浓度，滤膜样品还可进行组分分析。

$$细颗粒物(PM_{2.5},\ mg/m^3) = \frac{W_1}{V_1}$$

式中，W_1——捕集在圆形滤膜上的细颗粒物质量（mg）；

　　　　V_1——标准状态下的采样体积（m^3）。

定期清扫切割器内大于 2.5 μm 的细颗粒物，保持切割器入口距离，可防止大颗粒的干扰。

（三）灰尘自然沉降量测定原理

空气中灰尘自然沉降在集尘缸内。经蒸发，干燥称重后，计算灰尘自然沉降量。结果以每月每平方千米面积上沉降的吨数 [t／（km^2·月）] 表示。

（四）烟尘及工业粉尘测定原理

按等速原则从烟道中抽取一定体积的含尘烟气，通过已知重量的滤筒，烟气中的尘粒被捕集，根据滤筒在采样前后的重量差和采气体积，计算烟尘排放浓度如下：

$$烟尘或工业粉尘(mg/m^3) = \frac{W}{V_{nd}} \times 10^6$$

式中　W——滤筒捕集的烟尘量（g）；

　　　V_{nd}——标准状态下干烟气的采样体积（L）。

二、颗粒物测定称重技术的仪器要求

（一）采样器

为能够采集到空气中空气动力学当量直径小于 100 μm 的颗粒物，大、中、小流量三种采样器均应符合以下技术要求：

一是采样口必须向下，空气气流垂直向上进入采样口，采样口抽气速度规定为 0.30 m/s。

二是滤膜平行于地面，气流自上而下通过滤膜，单位面积滤膜在 24 h 内滤过的气体量 Q，应满足下式要求：

$$2 < Q\,[m^3/(cm^2·24h)] < 4.5$$

用超细玻璃纤维或过氯乙烯滤膜采样，在测定总悬浮颗粒物的质量浓度后，样品滤膜可用于测定金属元素（如铁、铜、锌、镉、铅等）、无机盐（如硫酸盐、硝酸盐及氯化物等）和有机化合物（如苯并 [a] 芘等）。

三是采样时必须将采样头及入口各部件拧紧，并经常检查采样头是否漏气，无论使用哪种流量采样器，在采样过程中必须准确保持恒定的流量。

四是采样器在使用过程中至少每月校准流量一次，采样前后流量校准误差应不大于7%。

五是采样器应定期维护，通常每月一次，所有的维护项目应登记在记录本上。

六是采样器的电机刷应在可能引起电机损坏前更换。更换电刷后要重新校准流量，新更换电刷的采样器应在负载条件下运转 1 h，等电机与转子的整流子良好接触后，再进行流量校准。

（二）测尘仪

烟尘及工业粉尘可直接从普通型采样管测尘仪、动压平衡型测尘仪、静压平衡型测尘仪中任选一种采样测定。应符合下述要求：

一是采样时，生产设备应处于正常运转状态下，对工业锅炉，锅炉运行负荷应不低于85%。

二是采样前，采样系统要进行漏气检查，方法是堵死采样管连接流量计量箱之间的橡皮管，打开抽气泵抽气，待流量计量箱上的负压表压力升至 6.7 kPa 时，停止抽气并堵死流量计量箱出口的橡皮管，若 1 min 内压力下降不超过 133 Pa 时，即认为系统不漏气。

三是滤筒在采样前应检查滤筒外表有无脱毛、裂纹或孔隙等损坏现象，如有应更换滤筒。当用刚玉滤筒采样时，滤筒在称重前，要用细砂纸将滤筒口磨平，以防止因口部不平而密封不严。

四是使用等速采样管采集高浓度烟尘时，采样过程中应注意采样管测压孔是否有积灰或堵塞现象，如堵塞应及时清除，保证等速精度。

五是测试仪器装的流量计要求定期进行校正，转子流量计每两年校正一次。累积流量计每半年校正一次。如使用频繁应缩短校正时间。

（三）天平

监测站经常使用的称重仪器是分析天平，分度值为万分之一（或十万分之一），其精度应不低于三级天平（和三级砝码）的规定。天平计量性质的三性（稳定性、不等臂性、灵敏性）指标应定期进行检查，天平和砝码每年至少一次定期检定。

1. 天平的不等臂性

天平在使用时应注意减少温度对天平的影响造成的天平不等臂性。要求全载等量砝码交换称量的停点偏差应小于 3 个分度值，使用中的天平交换两边砝码前后两次停点偏差应小于 9 个分度值。

2. 天平的稳定性

即天平示值的变动性，是指天平在相同条件下多次称量同一物体时测量结果的一致性。分析天平示值变动不得超过一个分度值，多数是由于环境条件所引起。故应注意天平室的环境条件要清洁、恒温、稳定，操作时要轻稳，以避免示值变动。

3. 天平的灵敏性

这是指天平能反映出放在秤盘上的物体质量改变量的能力。使用中的天平当在秤盘上放置 10 mg 砝码时，指针偏斜的停点反应在微分标牌上的 10 mg 刻度线与投影屏上的标线误差不得大于两个分度值（10+0.2 mg 范围内）。空载时不超过+2、−1 个分度。天平三性指标合格方可使用。

三、颗粒物中金属含量的测定

尘粒中含有铜、铅、锌、铁、等多种金属元素，由于大部分金属元素的含量都很低，所以要用灵敏度较高的方法，如极谱阳极溶出伏安法、原子吸收法、发射光谱法、原子荧光法及 X 射线荧光法等，以采用原子吸收法（AAS）最多。如：铍 AAS、EM，铜、铅、锌、锰、镍 AAS，铁、铬 AAS，硒、锑 AFS 等。

（一）AAS 分析技术

使用这种方法首先要把尘样制备成测定用的试液，然后才能在原子吸收分光光度计上进行测定，将尘样转变为试液的过程，包括有机物的消解和待测重金属组分的溶解。具体处理方法为干式灰化法和湿式分解法。

（二）X 射线荧光分析（XFS）技术

1. X 射线荧光分析技术原理

当用 X 射线管发射的 X 射线（一次 X 射线）照射被测物质时，一次 X 射线的一部分透过，残留部分被吸收（包括散射部分）。被吸收的 X 射线能量转变为二次效应的光电子、二次 X 射线和热量，二次 X 射线中固有的 X 射线被称为荧光 X 射线，照射的一次 X 射线的能量使物质中原子的 K、L 层电子跃迁，原子处于激发态。

X 射线荧光分析技术，有使用分光晶体的色散型和不使用分光晶体的非色散型，色散型又分波长分散型和能量分散型。波长分散型有通用的扫描型和固定通道的多元素同时分析型两种。非分散型是多种半导体检测型，近年来，使用半导体检测器的非色散型 X 射线荧光法由于半导体检测器的能量分解能力的提高和应用技术的进步而得到较大的发展，能量色散型仪器更多地用于颗粒物的定量分析中。

2. X 射线荧光分析技术的特点

（1）分析速度快

分析时间取决于分析精度，但通常定量分析一种样品的一种元素，20~100 s 可获得满意的结果。对于可同时分析多种元素的扫描式多通道仪器也有可能在 20~100 s 内完成多种元素分析。尤其是在仪器定性分析中，可在 60 min 左右测定从原子序数为 9 的 F 到原子序数为 92 的 U 之间的全部元素。

（2）无损（原样）分析

以分析大气粉尘和 PM_{10}、$PM_{2.5}$ 中的金属元素为例。试样不经前处理，直接用滤料采集的原样进行测定可测定到 10^{-9} 数量级，无须经过溶液化等复杂的前处理，不会因分析而使试样变质和飞溅，引入空白和损失的误差也很小，用一试样可以反复进行分析，测定结果更加准确，分析后的试样可以长期保留。

3. X 射线荧光分析应用

用能量色散 X 射线荧光法（EDX）对大气气溶胶中各种粒子的元素分析。电子显微镜可对气溶胶中的粒子做形态观测，同时其附件可对粒子中的成分进行定量测量。

第三节　室内空气中甲醛的测定

建筑物的室内环境（Indoor Environment，IE）主要指居室。居室是人们生存及活动的重要场所，与人们的生活息息相关。对于生活在现代城市中的大多数人来说，无论怎样增加室外活动，80% 以上的时间仍旧是在室内度过的。建筑物室内环境的优劣与人们的生活质量休戚相关。广义的居室可包括办公室、教室、医院、影剧院、酒店、餐厅、图书馆、候车室等公共建筑物以及汽车、火车、轮船、飞机等交通工具。室内环境从其物理特性来定义包括空气质量、照度。室内环境污染对人体健康造成的危害比室外环境污染严重得多。人们在治理空气、水体等大环境污染的同时，也在密切关注室内环境污染问题。人们长久以来形成的环境污染治理概念已由室外发展到室内，这标志着社会经济的发展水平，也标志着环境治理进入了一个新阶段。由于室内引入能释放有害物质的污染源或室内生活、活动等因素在环境通风不佳的情况下，导致室内空气中有害物质从数量和种类上不断增加，引起人的各种不适症状的现象，称为室内空气污染（Indoor Air Pollution，IAP）。室内空气污染问题早在 20 世纪 70 年代就已引起西方国家的重视。美国成立的专门机构经过五年的调查发现，许多民用和商用建筑，室内的空气污染程度普遍比室外空气污染程度严重 2~5 倍，有的甚至超过 100 倍。室内的污染物可通过现代检测技术检测出来的有 500 多种，其中挥发性有机物达 307 种。相关专家认为人类已进入了继"煤烟型污染"和"光化学烟雾型污染"之后的以"室内空气污染"为标志的第三污染时期。由建筑、装饰装修、家具、现代家电和办公器材造成的室内环境污染，已成为影响人们健康的一大杀手，我国正面临着严重的室内环境污染问题。

一、室内环境污染物的分类及来源

（一）室内环境污染物的分类

1. 非生物性污染

非生物性污染包括化学性污染（如氨、甲醛、苯系物、挥发性有机物、可溶性重金属、粉尘、细颗粒物等）和物理性污染（如氡、电磁辐射等）两大类。

2. 生物性污染

生物性污染包括细菌、真菌、病毒、花粉及虫螨等。

（二）室内环境污染物的来源及危害

室内空气中可检出的污染物有 500 多种，包括各类悬浮固体污染物和气体污染物。室内空气污染的来源包括室外污染源和室内污染源。

（三）室内污染源

1. 建筑材料和装饰材料

建筑材料是在建筑工程中所使用的各种材料及制品的总称，而装饰材料是指用于建筑物表面起装饰效果的材料。

（1）无机材料和再生材料

无机材料包括金属材料，有钢铁、铜、铝等，非金属材料，有天然石材、烧土制品、玻璃、无机纤维材料、凝胶制品等。再生材料指使用炼钢废渣、煤渣制成的再生建筑材料。无机材料和再生材料突出的问题是辐射问题，某些材料中的 γ 辐射超过国家标准。有些石材、砖、水泥和混凝土等材料中含有高本底的镭，镭可蜕变成氡，通过墙缝、窗缝等进入室内。

（2）合成隔热板材

主要的品种有聚苯乙烯泡沫塑料、聚氯乙烯泡沫塑料、聚氨酯泡沫塑料、脲醛树脂泡沫塑料等。这些材料在合成过程中的一些未被聚合的游离单体或某些成分在使用过程中会逐渐逸散到空气中，造成室内空气污染。污染物主要有甲醛、氯乙烯、苯、甲苯、醚类、二异氰酸甲苯酯等。

（3）壁纸、地毯

纯羊毛壁纸、地毯的细毛绒是一种致敏源；化纤壁纸在使用过程中，可向室内释放大量的有机物，如甲醛、氯乙烯、苯、甲苯、二甲苯、乙苯等；化纤地毯则可向空气中释放甲醛以及其他一些有机化学物质如丙烯腈、丙烯等，严重污染室内空气。

（4）人造板及人造板家具

人造板在生产过程中须加入大量黏合剂、防腐剂、防蛀剂等，使用过程中会释放出甲醛、苯、五氯苯酚等有害物质。

（5）涂料

涂料的成分十分复杂，含有很多有机化合物。在使用过程中会释放出大量的甲醛、氯乙烯、苯、氯化氢、酚类等有害气体。涂料所使用的溶剂也是室内空气污染的主要来源。溶剂挥发时向空气中释放大量的苯、甲苯、二甲苯、乙苯、丙酮、醋酸丁酯、乙醛、丁醇、甲酸等 50 多种有机物。涂料中的助剂还可能含有五氯酚钠、砷和多种重金属如铅、汞、锰等有害物质。

（6）黏合剂

黏合剂分为天然黏合剂和合成黏合剂。合成黏合剂在使用时会挥发出大量的有机污染物，主要有酚、甲酚、甲醛、乙醛、苯乙烯、甲苯、乙苯、丙酮、二异氰酸盐、乙烯醋酸酯、环氧氯丙烷等。

（7）吸声及隔声材料

常用的吸声材料有无机材料如石膏板等，有机材料如软木板、胶合板等，多孔材料如泡沫玻璃等，纤维材料如矿渣棉、工业毛毡等。隔声材料有软木、橡胶、聚氯乙烯塑料板等。这些吸声及隔声材料可以向空气中释放石棉、甲醛、酚类、氯乙烯等多种有害物质。

（8）防冻剂

北方冬季施工常使用防冻剂，它能使混凝土在负温下硬化，并防止低温下物料中的水分结冰。防冻剂有醇类、醇醚类、氯代烃类、无机盐类等，可渗出有毒气体氨。

2. 家用电器

随着人们生活水平的不断提高，家居设施日益现代化，各种家用电器逐渐进入人们家中。然而这些家用电器使用不当，也会造成无形的环境污染，甚至引起疾病。

（1）微波炉

微波炉在使用过程中常见的问题是微波泄漏。微波对人体的危害主要表现为神经衰弱综合征，如头昏、头痛、乏力、记忆力减退等；微波还会对人体的免疫功能产生影响。

（2）电视机

电视机的荧光屏可产生电磁辐射，长时间地看电视可以使视力降低，视网膜的感光功能失调。收看电视时间过长，会发生眼睛干燥，维生素 A 缺失，引起视觉器官和神经疲劳，造成头痛、失眠等症状。电视机和电脑的荧光屏可产生一种叫作"溴化三苯并呋喃"的有毒气体，这种气体有致癌作用。

（3）空调机

空调机用以调节室内空气的温度、湿度、气流等，改善人们的居住环境。但很多报道表明，长期在空调环境中工作的人员，往往感到烦闷、乏力、嗜睡、肌肉痛，感冒的发生率也较高，工作效率和健康状况明显下降。这些不良反应是由空调系统对室内空气造成的污染所引起的。

（4）加湿器

加湿器是通过超声波或其他方法将水雾化成水汽，然后喷射到室内空气中，以达到增加室内空气湿度的目的。在使用空气加湿器的时候，首要的问题是加湿器的用水卫生问题。加湿器的用水应符合卫生要求，致病微生物、有害化学物质的含量必须控制在卫生标准允许范围以内，以免污染室内空气。

（5）燃气热水器

燃气热水器所使用的气体燃料与固体燃料相比，比较清洁，但在燃烧时也会产生一定量的 NO_x 和 SO_2，同时可燃性气体在燃烧时会产生 CO_2 和 CO，造成室内空气的污染。

（6）复印机和打印机

复印机和打印机每天不停歇地工作，产生大量电磁干扰，释放出大量的粉尘、臭氧，并产生噪声。

3. 厨房空气中的有害物质

厨房空气中的有害物质主要来自燃烧产物和烹调油烟。

（1）燃烧产物制煤气（管道煤气）

主要的燃烧产物是 CO_2、CO、NO_x 和颗粒物，如果制气过程脱硫不充分，则燃烧产物还会含有一定量的 SO_2。液化石油气的主要燃烧产物是 NO_x、CO 和甲醛，当燃烧不完全时会产生大量的可吸入颗粒物，由于其黏度大，在肺内不易被清除，对肺部组织损伤较大。

可吸入颗粒物中还含有大量的直接和间接致癌物质。天然气燃烧比较完全，污染较轻，但天然气燃烧时也会产生一定量的 CO、NO_2、SO_2 等燃烧产物。

（2）烹调油烟

烹调油烟是食用油加热后产生的油烟，在炒菜温度（250 ℃）下，油中的物质会发生氧化、水解、聚合、裂解等反应，产生烹调油烟。因此，烹调油烟是一组混合性污染物，含有 200 多种成分，其中含有多种致突变物质。烹饪油烟也是室内 $PM_{2.5}$ 的主要来源。

4. 人体散发的污物

由于人们的生理活动，可以向周围环境释放很多污物，有的是生物体，也有化学物质。如人体呼出气中除了 CO_2，还有其他代谢废气，包括氨、二甲胺、二乙胺、酚、CO 等。此外，人体如果吸收了某些挥发性有机化合物和无机毒物，也能呼出这些毒气的部分原形态或其他代谢产物。如苯、甲苯、二氯甲烷、三氯甲烷、四氯化碳、三氯乙烯、砷、氨等都可部分以原形态从肺内呼出。人体内的代谢产物除了通过呼出气和尿排出外，还可以通过皮肤汗腺排出，如氨、尿素等。由于说话、咳嗽、打喷嚏等活动，能将口腔、咽喉、肺部的病原微生物经飞沫喷入空气，传播给他人。吸烟产生的烟气中含有多环芳烃、CO、NO_x、甲醛等有害物质，也是 $PM_{2.5}$ 的主要来源之一。

（四）室外污染源

第一，室内空气受室外环境空气质量的影响，如周围的工厂、附近的交通要道、周围的大小烟囱、分散的小型炉灶、局部臭气污染源等。当室外空气受到污染后，有害气体可以通过门窗直接进入室内污染室内空气。

第二，土壤或房基地含有高本底的放射性物质，或受到工业废弃物、农药、生物废弃物污染后，产生的有害气体可以通过缝隙进入室内。这些有害物质在室内的分布特点是越靠近地面的空气中，浓度越高，受害越重。所以，地下室或一楼污染较重，楼层越高，污染越小。

第三，生活用水（包括烹饪、饮水、清扫房间、沐浴、浇花、冲厕、空气加湿、空调机冷却等）在使用过程中有时会形成水雾，很易进入人体的上呼吸道。因此，生活用水应符合卫生标准。有些机构为了节约用水，将废水稍加处理后用于洗涤、喷雾，这类用水的质量很差，易引起污染。

二、室内污染的特点

室内污染具有累积性、长期性、多样性、受社会条件和气候影响大等特征。

（一）累积性

室内环境是相对封闭的空间，污染物易在室内逐渐累积，导致污染物浓度增大，对人体构成危害。

（二）长期性

根据调查表明，大多数人大部分时间处于室内环境中，即使浓度很低的污染物，长期作用于人体后，也会影响人体健康。

（三）多样性

室内空气污染的多样性既包括污染物种类的多样性，如生物性污染物、化学性污染物、物理性污染物，又包括室内污染来源的多样性，如室内污染源、室外污染源。

（四）受社会条件和气候影响大

室内空气污染不同于自然形成的现象，受社会文明程度、科技水平、经济发展水平、民族风俗习惯等多方面的社会条件因素的影响。大气候的变化对室内空气的污染也有很大影响。

三、室内环境甲醛监测方法

（一）甲醛的性质和危害

甲醛（HCHO，又名蚁醛）为无色液体，分子量 30.03，有刺激性气味。对空气比重为 1.40。易溶于水、醇和醚。其 35%~40% 的水溶液称福尔马林，此溶液在室温下极易挥发，加热更甚。甲醛易聚合成多聚甲醛，这是甲醛水溶液混浊的原因。甲醛的聚合物受热易发生解聚作用，在室温下能放出微量气态甲醛。甲醛对人体有刺激、致敏、致突变作用。甲醛对人的皮肤、眼睛、鼻子、呼吸道有刺激性。低浓度甲醛对人体影响主要表现在皮肤过敏、咳嗽、多痰、失眠、恶心、头痛等。当皮肤直接接触甲醛可引起过敏性皮炎、色斑、坏死。吸入高浓度甲醛时可诱发支气管哮喘。甲醛可以与空气中的氯化物离子反应生成致癌物——二氯甲基醚。高浓度甲醛是一种基因毒性物质，实验动物在实验室高浓度吸入的情况下，可引起鼻咽肿瘤。

居室空气中甲醛的卫生标准限值为 0.08 mg/m³。

（二）甲醛的监测方法

1. 酚试剂分光光度法

（1）原理

空气中的甲醛与酚试剂反应生成嗪，嗪在酸性溶液中被高铁离子氧化形成蓝绿色化合物，颜色深浅与甲醛含量正相关。用分光光度法定量测定甲醛含量。

（2）采样

用一个内装 5 mL 酚试剂［$C_6H_4SN（CH_3）C：NNH_2·HCL$，简称 MBTH］吸收液的大型气泡吸收管，以 0.5 L/min 流量，采样 10 L。并记录采样点的温度和大气压力。采样后样品应在 24 h 内分析。

（3）分析步骤

第一步，标准曲线的绘制。取 10 mL 具塞比色管，用甲醛标准溶液按表 3-1 制备标准色列管。

表 3-1　甲醛标准色列管（1）

管号	0	1	2	3	4	5	6	7	8
甲醛标准溶液（1.00 μg/mL）	0.0	0.10	0.20	0.40	0.60	0.80	1.00	1.50	2.00
酚试剂吸收液（mL）	5.0	4.9	4.8	4.6	4.4	1.2	4.0	3.5	3.0
甲醛含量（μg）	0.0	0.1	0.2	0.4	0.6	0.8	1.0	1.5	2.0

各管中，加入 0.4 mL 的 1% 硫酸铁铵溶液，摇匀，放置 15 min。用 1 cm 比色皿，在波长 630 nm 下，以水做参比，测定各管溶液的吸光度。以甲醛含量为横坐标，吸光度为纵坐标，绘制标准曲线，计算线性回归方程，以回归方程的斜率的倒数作为样品测定的计算因子 B_s［μg／（mL·mm）］。

②样品测定。采样后，将样品溶液全部转入比色管中，用少量吸收液涮洗吸收管，合并使总体积为 5 mL。按绘制标准曲线的操作步骤测定吸光度（A）。在每批样品测定的同时，用 5 mL 未采样的吸收液做试剂空白，测定试剂空白的吸光度（A_0）。

（4）结果计算

根据采样时的室内温度和大气压力将采样体积换算成标准状态下采样体积。空气中甲醛浓度按下式计算：

$$C = \frac{(A - A_0) B_s}{V_0}$$

式中　C——空气中甲醛浓度（mg/m³）；

　　　A——样品溶液的吸光度；

　　　A_0——空白溶液的吸光度；

B_s——计算因子 [μg/ (mL·mm)];

V_0——换算成标准状态下的采样体积 (L)。

2. AHMT 分光光度法

（1）原理

空气中甲醛与4-氨基-3-联氨-5-巯基-1，2，4-三氮杂茂（简称AHMT）在碱性条件下缩合，然后经高碘酸钾氧化成6-巯基-5-三氮杂茂 [4，3-b] -S-四氮杂苯紫红色化合物，溶液颜色深浅与甲醛含量正相关。通过分光光度法定量测定甲醛含量。

（2）采样

用一个内装5 mL吸收液的气泡吸收管，以1.0 L/min流量，采气20 L。并记录采样时的温度和大气压力。

（3）分析步骤

第一步，标准曲线的绘制。用标准溶液绘制标准曲线，取7支10 mL具塞比色管，按表3-2制备标准色列管。

表3-2　甲醛标准色列管（2）

管号	0	1	2	3	4	5	6
甲醛标准溶液（2.00 μg/mL）	0.0	0.1	0.2	0.4	0.8	1.2	1.6
吸收溶液（mL）	2.0	1.9	1.8	1.6	1.2	0.8	0.4
甲醛含量（μg）	0.0	0.2	0.4	0.8	1.6	2.4	3.2

各管加入1.0 mL的5mol/L氢氧化钾溶液，1.0 mL的0.5%AHMT溶液，盖上管塞，轻轻颠倒混匀三次，放置20 min。加入0.3 mL的1.5%高碘酸钾溶液，充分振摇，放置5 min。用10 mm比色皿，在波长550 nm下，以水做参比，测定各管吸光度。以甲醛含量为横坐标，吸光度为纵坐标，绘制标准曲线，并计算回归方程线的斜率，以斜率的倒数作为样品测定计算因子B_s [μg/ (mL·mm)]。

第二步，样品测定。采样后，补充吸收液到采样前的体积。准确吸取2 mL样品溶液于10 mL比色管中，按制作标准曲线的操作步骤测定吸光度。

在每批样品测定的同时，用2 mL未采样的吸收液，按相同步骤做试剂空白值测定。

（4）结果计算

将采样体积换算成标准状况下的采样体积。空气中甲醛浓度按下式计算：

$$C = \frac{(A - A_0) B_s}{V_0} \cdot \frac{V_1}{V_2}$$

式中　V_1——采样时吸收液体积（mL）;

V_2——分析时取样品体积（mL）。

其余符号意义同前。

第四章　土壤监测

第一节　土壤中水分的测定

一、土壤环境监测质量管理

（一）国家监测网质量体系建设

针对国家网环境监测任务，为进一步规范环境监测行为，总站以全面、科学、合理、可行、可拓展以及全过程、全要素质量管理的理念为出发点，针对性地提出国家网环境监测质量管理体系，其中包括 13 个要素，分别是监测机构、人员、监测设施和环境、监测仪器设备、质量体系、监测活动、内部质量管理、文件控制、记录、档案、质量管理报告、信息备案和报告、外部质量监督。国家网出台的《质量体系文件》对监测任务和监测机构提出全面、系统、具体的质量管理要求，特别明确了监测机构自我完善的自律性要求、内部质量管理的计划性和总结评价规定、监测记录、档案管理和备案制度等。

（二）强化监测过程控制

有效控制监测活动的实施过程是保证数据质量的关键。以监测技术和质量控制技术为基础，确定技术要点和控制环节，采取多渠道、多措施、多手段、多方式的管理模式，建立科学、合理、可行、有效、系统的质量管理和监督机制，有效控制整个监测过程中的关键节点，保证监测质量。按照质量体系要求，加强监测机构自律，监测机构要严格内部质量控制，并加强内部和外部质量监督，进行数据质量总结，编写质量管理报告提交给总站，完成监测任务产生的技术资料、档案资料一并提交总站。

（三）健全质量总结制度

监测任务完成后，总站要及时完成质量总结报告。根据监测机构的内部质量管理报告和附加体系文件对其质量管理体系运行情况、监测机构自律情况进行总结，特别对于质量体系要求的全要素，详细说明各要素的实施情况，并明确指出存在的不足和缺失。对于监测机构的内部控制情况要重点突出和说明。根据多方式、多措施进行的外部质量监督结果，对监测活动全过程的执行情况，监测任务的完成情况，监测数据质量等关键信息进行总结。强调监测活动中行为的规范性，指明要改进和规避的地方；强调监测任务执行过程中的时间节点，任务完成的及时率；对保障数据质量的质控手段重点说明，加强监测机构能力建设。

（四）建立质量评价机制

按照《国家监测质量体系文件》要求，根据质量监督结果，对监测任务完成情况进行质量评价。根据体系运行有效率、数据有效率、技术审核通过率、质控结果合格率等情况，一方面对监测机构的监测任务的完成情况和数据质量进行评价，另一方面评价整个国家网监测任务完成情况和完成质量。质量评价体系通过对全过程、全要素的质量监督结果（监测记录正确率、操作规范程度、数据上报及时率、任务完成率等）对监测任务完成质量进行评价。有理有据地保证监测数据的可靠性、准确性、权威性，为环境管理提供科学、有力的技术支撑。

（五）质量评价体系

根据目前土壤监测现状，存在监管缺失、有关制度空白、技术文件信息不完整等问题，亟须加强相关能力建设。

1. 加快土壤监测信息平台建设

土壤建设在点位布设、样品采集、样品制备等环节存在监管缺失，总站正在积极准备土壤监测信息平台建设。通过土壤监测信息平台，可以实现监测信息远程审核、监测现场实时监控、样品信息保密存储、监测数据智能化筛选和分析等功能，实现对土壤监测全过程的有效监督和管理，推进监测系统智能化建设。

2. 建立健全质量评价体系

目前，环境监测质量监督体系中并没有质量评价有关内容，质量评价体系一直是质量监督中的空白，建立完善的质量评价体系是保证监测数据准确可靠的重要依据。依据质量评价结果，对监测机构实施表彰、整改、处罚等行政管理手段，并对监测任务有针对性地进行调整和完善，提高监测完成质量。

3. 完善监测技术体系

监测技术是整个监测活动的重要支撑，是监测数据质量的重要基础。目前，我国监测技术相关标准比较落后，标准之间存在不一致等内容。根据国家监测网的任务要求，要对监测技术体系进行深入的研究、开展方法的比对工作以及方法制度修订，完善监测技术体系。

二、样品的采集与制备

土壤样品的采集和制备是土壤分析工作的一个重要环节，采集有代表性的样品，是测定结果能如实反映土壤环境状况的先决条件。实验室工作者只能对来样的分析结果负责，如果送来的样品不符合要求，那么任何精密仪器和熟练的分析技术都毫无意义。因此，分析结果能否说明问题，关键在于样品的采集和处理。

（一）土壤样品的采集

1. 收集基础资料

为了使采集的样品具有代表性，首先必须对监测的地区进行调查，收集以下基础资料：

第一，监测区域的交通图、土壤图、地质图、大比例尺地形图等资料，供制作采样工作图和标注采样点位用。

第二，监测区域土类、成土母质等土壤信息资料。

第三，土壤历史资料。

第四，监测区域工农业生产及排污、污灌、化肥农药施用情况资料。

第五，收集监测区域气候资料（温度、降水量和蒸发量）、水文资料。

2. 布设采样点

大气污染型土壤监测单元和固体废物堆污染型土壤监测单元以污染源为中心放射状布点，在主导风向和地表水的径流方向适当增加采样点；灌溉水污染监测单元、农用固体废物污染型土壤监测单元和农用化学物质污染型土壤监测单元采用均匀布点；灌溉水污染监测单元采用按水流方向带状布点，采样点自纳污口起逐渐由密变疏；综合污染型土壤监测单元布点采用综合放射状、均匀、带状布点法。由于土壤本身在空间分布上具有一定的不均匀性，所以应多点采样并均匀混合成为具有代表性的土壤样品，根据采样现场的实际情况选择合适的布点方法。

3. 准备采样器具

第一，工具类：铁锹、铁铲、圆状取土钻、螺旋取土钻、竹片以及适合特殊采样要求的工具等。

第二，器材类：罗盘、相机、卷尺、铝盒、样品袋、样品箱等。

第三，文具类：样品标签、采样记录表、铅笔、资料夹等。

第四，安全防护用品：工作服、工作鞋、安全帽、药品箱等。

第五，采样用车辆。

4. 确定采样频率

监测项目分常规项目、特定项目和选测项目。常规项目是指《土壤环境质量标准》中所要求控制的污染物。特定项目是指《土壤环境质量标准》中未要求控制的污染物，但根据当地环境污染状况，确认在土壤中积累较多、对环境危害较大、影响范围广、毒性较强的污染物，或者污染事故对土壤环境造成严重不良影响的物质，具体项目由各地自行确定。选测项目一般包括新纳入的在土壤中积累较少的污染物、由于环境污染导致土壤性状发生改变的土壤性状指标以及生态环境指标等。常规项目可按实际情况适当降低监测频次，但不可低于五年一次，选测项目可按当地实际情况适当提高监测频次。

5. 确定采样类型及采样深度

（1）土壤样品的类型

①混合样品。

一般了解土壤污染状况时采集混合样品。将一个采样单元内各采样分点采集的土样混合均匀制成。对种植一般农作物的耕地，只须采集0~20 cm耕作层土壤；对于种植果林类农作物的耕地，应采集0~60 cm耕作层土壤。

②剖面样品。

特定的调查研究监测须了解污染物在土壤中的垂直分布时，须采集剖面样品，按土壤剖面层次分层采样。

（2）采样深度

采样深度视监测目的而定。一般监测采集表层土，采样深度为0~20 cm。如果要了解土壤污染深度，则应按土壤剖面层次分层采样。土壤剖面是指地面向下的垂直土体的切面。典型的自然土壤剖面分为A层（表层，淋溶层）、B层（亚层，沉积层）、C层（风化母岩层，母质层）和底岩层。地下水位较高时，剖面挖至地下水出露时为止；山地丘陵土层较薄时，剖面挖至风化层。

采样土壤剖面样品时，剖面的规格一般为长1.5 m、宽0.8 m、深1~1.5 m，一般要求达到母质或潜水处即可。将朝阳的一面挖成垂直的坑壁，而与之相对的坑壁挖成每阶为30~50 cm的阶梯状，以便上下操作，表土和底土分两侧放置。根据土壤剖面颜色、结构、质地、松紧度、植物根系分布等划分土层，并进行仔细观察，将剖面形态、特征自上而下逐一记录。随后在各层最典型的中部自下而上逐层采样，先采剖面的底层样品，再采中层样品，最后采上层样品。在各层内分别用小土铲切取一片片土壤样，每个采样点的取土深度和取样量应一致。根据监测目的和要求可获得分层试样或混合样，用于重金属分析的样品，应将与金属采样器接触部分的土样弃去。对 B 层发育不完整（不发育）的山地土壤，只采 A、C 两层。

6. 确定采样方法

采样方法主要有采样筒取样、土钻取样、挖坑取样。

7. 确定采样量

具体需要多少土壤数量视分析测定项目而定，一般要求 1 kg 左右。对多点均量混合的样品可反复按四分法弃取，最后留下所需的土量，装入塑料袋或布袋中。

8. 采样注意事项

第一，采样点不能设在田边、沟边、路边或肥堆边。

第二，将现场采样点的具体情况，如土壤剖面形态特征等做详细记录。

第三，采样的同时，由专人填写样品标签。标签一式两份，一份放入袋中，一份系在袋口，标签上标注采样时间、地点、样品编号、监测项目、采样深度和经纬度。采样结束，需要逐项检查采样记录、样袋标签和土壤样品，如有缺项和错误，及时补齐更正。将底土和表土按原层回填到采样坑中，方可离开现场，并在采样示意图上标出采样地点，避免下次在相同处采集剖面样。

9. 样品编码

全国土壤环境质量例行监测土样编码方法采用 12 位码。

说明如下：

第 1~4 位数字：代表省市代码，其中省 2 位，市 2 位。

第 5~6 位数字：代表取样时间，取年份的后两位数计。

第 7 位数字：代表取样点位布设的重点区域类型，以一位数计，本次取数值 1。1 代表粮食生产基地；2 代表菜篮子种植基地；3 代表大中型企业周边和废弃地；4 代表重要饮用水源地周边；5 代表规模化养殖场周边及污水灌溉区等重要敏感区域。

第 8~9 位数字：代表样品序号，连续排列。以两位数计，不足两位的在前面加零补足两位。

第 10~12 位数字：代表取样深度，以三位数计，不足三位的在前面加零补足三位。

（二）样品的制备

1. 制样工具及容器

第一，白色搪瓷盘。

第二，木槌、木滚、有机玻璃板（硬质木板）、无色聚乙烯薄膜。

第三，玛瑙研钵、白色瓷研钵。

第四，20目、60目、100目尼龙筛。

2. 风干

除测定游离挥发酚、铵态氮、硝态氮、低价铁等不稳定项目需要新鲜土样外，多数项目需要用风干土样。

土壤样品一般采取自然阴干的方法。将土样放置于风干盘中，摊成 2~3 cm 的薄层，适时地压碎、翻动，拣出碎石、砂砾、植物残体。

应注意的是：样品在风干过程中，应防止阳光直射和尘埃落入，并防止酸、碱等气体的污染。

3. 磨碎

进行物理分析时，取风干样品 100~200 g，放在木板上用圆木棍碾碎，并用四分法取压碎样，经反复处理使土样全部通过 2 mm 孔径的筛子。过筛后的样品全部置于无色聚乙烯薄膜上，并充分搅拌均匀，再采用四分法取其两份：一份储于广口瓶内，用于土壤颗粒分析及物理性质测定；另一份做样品的细磨用。

4. 过筛

进行化学分析时，一般常根据所测组分及称样量决定样品细度。分析有机质、全氮项目，应取一部分已过 2 mm 筛的土，用玛瑙或有机玻璃研钵继续研细，使其全部通过 60 目筛（0.25 mm），用原子吸收光度法测 Cd、Cu、Ni 等重金属时，土样必须全部通过 100 目筛（尼龙筛 0.15 mm）。研磨过筛后的样品混匀、装瓶、贴标签、编号、储存。

5. 分装

研磨混匀后的样品，分别装于样品袋或样品瓶，填写土壤标签一式两份，瓶内或袋内一份，瓶外或袋外贴一份。

6. 注意事项

第一，制样过程中采样时的土壤标签与土壤始终放在一起，严禁混错，样品名称和编码始终不变。

第二，制样工具每处理一份样后擦抹（洗）干净，严防交叉污染。

第三，分析挥发性、半挥发性有机物或可萃取有机物无须上述制样，用新鲜样按特定的方法进行样品前处理。

（三）样品保存

第一，一般土壤样品须保存半年至一年，以备必要时查核之用。

第二，储存样品应尽量避免日光、潮湿、高温和酸碱气体等的影响。

第三，玻璃材质容器是常用的优质贮器，聚乙烯塑料容器也属推荐容器之一，该类贮器性能良好、价格便宜且不易破损。可将风干土样、沉积物或标准土样等贮存于洁净的玻璃或聚乙烯容器之内。在常温、阴凉、干燥、避阳光、密封（石蜡涂封）条件下保存30个月是可行的。

三、土壤中水分的测定

（一）实验目的

土壤水分是土壤的重要组成部分，也是重要的土壤肥力因素。进行土壤水分的测定有两个目的：一是了解田间土壤的水分状况，为土壤耕作、播种、合理排灌等提供依据；二是在室内分析工作中，测定风干土的水分，把风干土重换算成烘干土重，可作为各项分析结果的计算基础。

（二）实验原理

土壤水分的测定方法很多，最常用的是烘干法。烘干法以质量为基础，测定土壤样品的水分含量，土壤样品于105±5 ℃下干燥至恒重，计算干燥前后土壤重量之差值，以干基为基础，计算水分含量。本方法适用于所有形态的土壤样品，对已预处理风干的土壤样品或直接采取自野外（如田间）含水土壤样品，依照不同的程序操作。

（三）操作步骤

1. 风干土壤试样的测定

具塞容器和盖子置于鼓风干燥箱，105±5 ℃下烘干1 h，稍冷，盖好盖子，然后置于干燥器中至少冷却45 min，测定带盖容器质量 m_0，精确至0.01 g。用样品勺将10~15 g风干土壤试样转移至已称重的具塞容器中，盖上容器盖，测定总质量 m_1，精确至0.01 g。取下容器盖，将容器和风干土壤试样一并放入烘箱中，在105±5 ℃下烘干至恒重，同时烘干容器盖。盖上容器盖，置于干燥器中至少冷却 45 min，取出立即测定带盖容器和烘干土壤的总质量 m_2，精确至 0.01 g。

2. 新鲜土壤试样的测定

具塞容器和盖子于 105±5 ℃下烘干 1 h，稍冷，盖好盖子，然后置于干燥器中至少冷却 45 min，测定带盖容器质量 m_0，精确至 0.01 g，用样品勺将 30~40 g 新鲜土壤试样转移至已称重的具塞容器中，盖上容器盖，测定总质量 m_1，精确至 0.01 g。取下容器盖，将容器和新鲜土壤试样一并放入烘箱中，在 105±5 ℃下烘干至恒重，同时烘干容器盖。盖上容器盖，置于干燥器中至少冷却 45 min，取出立即测定带盖容器和烘干土壤的总质量 m_2 精确至 0.01 g。

要注意的是，应尽快分析待测试样，以减少其水分的蒸发。

（四）结果的表述

土壤样品中的水分含量，按照如下公式进行计算：

$$W_{H_2O} = \frac{m_1 - m_2}{m_2 - m_0} \times 100\%$$

式中　W_{H_2O}——土壤样品中的水分含量（%）；

m_0——带盖容器的质量（g）；

m_1——带盖容器及风干土壤试样或带盖容器及新鲜土壤试样的总质量（g）；

m_2——带盖容器及烘干土壤的总质量（g）；

测定结果精确至 0.1%。

第二节　土壤中总铬的测定

一、土壤金属污染物的测定基础

（一）土壤样品的预处理方法

1. 酸溶解

（1）普通酸分解法

准确称取 0.500 0 g（准确到 0.1 mg，以下都与之相同）风干土样于聚四氟乙烯坩埚中，用几滴水润湿后，加入 10 mL 的 HCl（ρ=1.19 g/mL），于电热板上低温加热，蒸发至约剩 5 mL 时加入 15 mL 的 HNO_3（$\rho=1.42$ g/mL），继续加热蒸至近黏稠状，加入 10 mL 的 HF（$\rho=1.15$ g/mL）并继续加热，为了达到良好的除硅效果，应经常摇动坩埚。最后加入 5 mL 的 $HClO_4$（$\rho=1.67$ g/mL），并加热至白烟冒尽。对于含有机质较多的土样，应在加入 $HClO_4$ 之后加盖消解，土壤分解物应呈白色或淡黄色（含铁较高的土壤），倾斜坩埚时呈不流动的黏稠状。用稀酸溶液冲洗内壁及坩埚盖，温热溶解残渣，冷却后，定容于 100 mL 或 50 mL，最终体积依待测成分的含量而定。

（2）高压密闭分解法

称取 0.500 0g 风干土样于内套聚四氟乙烯坩埚中，加入少许水润湿试样，再加入 HNO_3（$\rho=1.42$ g/mL）、$HClO_4$（$\rho=1.67$ g/mL）各 5 mL，摇匀后将坩埚放入不锈钢套筒中，拧紧。放在 180 ℃的烘箱中分解 2 h。取出，冷却至室温后，取出坩埚，用水冲洗坩埚盖的内壁，加入 3 mL 的 HF（$\rho=1.15$ g/mL），置于电热板上，在 100~120 ℃温度下加热除硅，待坩埚内剩下 2~3 mL 溶液时，调高温度至 150 ℃，蒸至冒浓白烟后再缓缓蒸至近干，按普通酸分解法同样操作定容后进行测定。

（3）微波炉加热分解法

微波炉加热分解法是以被分解的土样及酸的混合液作为发热体，从内部进行加热使试样受到分解的方法。有常压敞口分解和仅用厚壁聚四氟乙烯容器的密闭式分解法，也有密闭加压分解法。这种方法以聚四氟乙烯密闭容器做内筒，以能透过微波的材料如高强度聚合物树脂或聚丙烯树脂做外筒，在该密封系统内分解试样能达到良好的分解效果。

微波加热分解也可分为开放系统和密闭系统两种。

第一，开放系统可分解多量试样，且可直接和流动系统相组合实现自动化，但由于要排出酸蒸气，所以分解时使用的酸量较大，易受外环境污染，挥发性元素易造成损失，费时间且难以分解多数试样。

第二，密闭系统的优点较多，酸蒸不会逸出，仅用少量酸即可，在分解少量试样时十分有效，不受外部环境的污染。在分解试样时不用观察及特殊操作，由于压力高，所以分解试样很快，不会受外筒金属的污染（因为用树脂做外筒）。可同时分解大批量试样。其缺点是：需要专门的分解器具，不能分解量大的试样，如果疏忽会有发生爆炸的危险。

在进行土样的微波分解时，无论是使用开放系统还是密闭系统，一般使用 HNO_3-HNO_3-HCl-HF-$HClO_4$、HNO_3-HF-$HClO_4$、HNO_3-HCl-HF-H_2O_2，HNO_3-HF-H_2O_2 等体系。当不使用 HF 时（限于测定常量元素且称样质量小于 0.1 g），可将分解试样的溶液适当稀释后直接测定。若使用 HF 或 $HClO_4$ 对待测微量元素有干扰时，可将试样分解液蒸发至近干，酸化后稀释定容。

2. 碱融法

（1）碳酸钠熔融法（适合测定氟、钼、钨）

称取 0.500 0~1.000 0 g 风干土样放入预先用少量碳酸钠或氢氧化钠垫底的高铝坩埚中（以充满坩埚底部为宜，以防止熔融物粘住底部），分次加入 1.5~3.0 g 碳酸钠，并用圆头玻璃棒小心搅拌，使其与土样充分混匀，再放入 0.5~1 g 碳酸钠，使平铺在混合物表面，盖好坩埚盖。移入马弗炉中，于 900 ℃~920 ℃熔融 0.5 h。自然冷却至 500 ℃左右时，可稍打开炉门（不可开缝过大，否则高铝坩埚骤然冷却会开裂）以加速冷却，冷却至 60 ℃~80 ℃用水冲洗坩埚底部，然后放入 250 mL 烧杯中，加入 100 mL 水，在电热板上加热浸提熔融物，用水及 (1+1) HCl 将坩埚及坩埚盖洗净取出，并小心用 (1+1) HCl 中和、酸化（注意盖好表面皿，以免大量冒泡引起试样的溅失）；待大量盐类溶解后，用中速滤纸过滤，用水及 5%HCl 洗净滤纸及其中的不溶物，定容待测。

（2）碳酸锂-硼酸、石墨粉坩埚熔样法（适合铝、硅、钛、钙、镁、钾、钠等元素分析）

土壤矿质全量分析中土壤样品分解常用酸溶剂，酸溶试剂一般用氢氟酸加氧化性酸分解样品。其优点是酸度小，适用于仪器分析测定；但对某些难熔矿物分解不完全，特别对铝、钛的测定结果会偏低，且不能测定硅（已被除去）。

碳酸锂-硼酸在石墨粉坩埚内熔样，再用超声波提取熔块，分析土壤中的常量元素，速度快，准确度高。

在 30 mL 瓷坩埚内充满石墨粉，置于 900 ℃高温电炉中灼烧半小时，取出冷却，用乳钵棒压一空穴。准确称取经 105 ℃烘干的土样 0.200 0 g 于定量滤纸上，与 1.5 g 的 Li_2CO_3-H_3BO_3（Li_2CO_3：H_3BO_3 = 1：2）混合试剂均匀搅拌，捏成小团，放入石墨粉洞穴中；然后将坩埚放入已升温到 950 ℃的马弗炉中，20 min 后取出，趁热将熔块投入盛有 100 mL 的 4%硝酸溶液的 250 mL 烧杯中，立即于 250 W 功率清洗槽内超声（或用磁力搅拌），直到熔块完全熔解。将溶液转移到 200 mL 容量瓶中，并用 4%硝酸定容。吸取 20.00 mL 上述样品液入 25 mL 容量瓶中，并根据仪器的测量要求决定是否须要添加基体元素及添加浓度，最后用 4%硝酸定容，用光谱仪进行多元素同时测定。

3. 酸溶浸法

（1）HCl-HNO_3 溶浸法

准确称取 2.000 0g 风干土样，加入 15 mL 的 (1+1) HCl 和 5 mL 的 HNO_3（ρ = 1.42 g/mL），振荡 30 min，过滤定容至 100 mL，用 ICP 法测定 P、Ca、Mg、K、Na、Fe、Al、Ti、Cu、Zn、Cd、Ni、Cr、Pb、Co、Mn、Mo、Ba、Sr 等。

或采用下述溶浸方法：准确称取 2.000 0g 风干土样于干烧杯中，加少量水润湿，加入 15 mL 的（1+1）HCl 和 5 mL 的 HNO₃（$\rho = 1.42$ g/mL）。盖上表面皿于电热板上加热，待蒸发至约剩 5 mL，冷却，用水冲洗烧杯和表面皿，用中速滤纸过滤并定容至 100 mL，用原子吸收法或 ICP 法测定。

（2）HNO₃-H₂SO₄-HClO₄ 溶浸法

其方法特点是 H_2SO_4、$HClO_4$ 沸点较高，能使大部分元素溶出，且加热过程中液面比较平静，没有迸溅的危险。但 Pb 等易与 SO_4^{2-} 形成难溶性盐类的元素，使测定结果偏低。操作步骤是：准确称取 2.500 0g 风干土样于烧杯中，用少许水润湿，加入 HNO₃-H₂SO₄-HClO₄ 混合酸 12.5 mL，置于电热板上加热，当开始冒白烟后缓缓加热，并经常摇动烧杯，蒸发至近干。冷却，加入 5 mL 的 HNO₃（$\rho = 1.42$g/mL）和 10 mL 水，加热溶解可溶性盐类，用中速滤纸过滤，定容至 100 mL，待测。

（3）HNO₃ 溶浸法

准确称取 2.000 0 g 风干土样于烧杯中，加少量水润湿，加入 20 mL HNO₃（$\rho = 1.42$g/mL）。盖上表面皿，置于电热板或沙浴上加热；若发生迸溅，可采用每加热 20 min 关闭电源 20 min 的间歇加热法。待蒸发至约剩 5 mL，冷却，用水冲洗烧杯壁和表面皿，经中速滤纸过滤，将滤液定容至 100 mL，待测。

（4）Cd、Cu、As 等的 0.1 mol/L HCl 溶浸法

土壤中 Cd、Cu、As 的提取方法，其中 Cd、Cu 的操作条件是：准确称取 10.000 0g 风干土样于 100 mL 广口瓶中，加入 0.1 mol/L 的 HCl 50.0 mL，在水平振荡器上振荡。振荡条件是温度 30 ℃、振幅 5~10 cm、振荡频次 100~200 次/min，振荡 1 h。静置后，用倾斜法分离出上层清液，用干滤纸过滤，滤液经过适当稀释后用原子吸收法测定。

As 的操作条件是：准确称取 10.000 0g 风干土样于 100 mL 广口瓶中，加入 0.1mol/L 的 HC150.0 mL，在水平振荡器上振荡。振荡条件是温度 30 ℃、振幅 10cm、振荡频次 100 次/min，振荡 30 min。用干滤纸过滤，取滤液进行测定。

除用 0.1 mol/L 的 HCl 溶浸 Cd、Cu、As 以外，还可溶浸 Ni、Zn、Fe、Mn、CO 等重金属元素。0.1 mol/L 的 HCl 溶浸法是目前使用最多的酸溶浸方法，此外也有使用 CO_2 饱和的水、0.5 mol/L 的 KCl-HAc（$\rho = 3$）、0.1 mol/L 的 MgSO₄-H₂SO₄ 等酸性溶浸方法。

（二）分析记录与结果表示

1. 分析记录

第一，分析记录用碳素墨水笔填写翔实，字迹要清楚；要更正时，应在错误数据（文

字）上画一条横线，在其上方写上正确内容。

第二，记录测量数据，要采用法定计量单位，只保留一位可疑数字。有效数字的位数应根据计量器具的精度及分析仪器的示值确定，不得随意增添或删除。

第三，采样、运输、储存、分析失误造成的离群数据应剔除。

2. 结果表示

第一，平行样的测定结果用平均数表示，低于分析方法检出限的测定结果以"未检出"报出，参加统计时按二分之一最低检出限计算。

第二，土壤样品测定一般保留三位有效数字，含量较低的镉和汞保留两位有效数字，并注明检出限数值。

第三，分析结果的精密度数据，一般只取一位有效数字，当测定数据很多时，可取两位有效数字。表示分析结果的有效数字的位数不可超过方法检出限的最低位数。

二、土壤中总铬的测定

（一）实验原理

采用盐酸－硝酸－氢氟酸-高氯酸全分解的方法，破坏土壤的矿物晶格，使试样中的待测元素全部进入试液，并且，在消解过程中，所有铬都被氧化成 $Cr_2O_7^{2-}$。然后，将消解液喷入富燃性空气-乙炔火焰中。在火焰的高温下，形成铬基态原子，并对铬空心阴极灯发射的特征谱线 357.9 nm 处产生选择性吸收。在选择的最佳测定条件下，测定铬的吸光度。

（二）操作步骤

1. 试样的准备

（1）全消解方法

准确称取 0.2~0.5 g（精确至 0.000 1 g）试样于 50 mL 聚四氟乙烯坩埚中，用水润湿后加入 10 mL 盐酸，于通风橱内的电热板上低温加热，使样品初步分解，待蒸发至约剩 3 mL 时，取下稍冷，然后加入 5 mL 硝酸、5 mL 氢氟酸、3 mL 高氯酸，加盖后于电热板上中温加热 1 h 左右，然后开盖，电热板温度控制在 150 ℃，继续加热除硅，为了达到良好的飞硅效果，应经常摇动坩埚。当加热至冒浓厚高氯酸白烟时，加盖，使黑色有机碳化物分解。待坩埚壁上的黑色有机物消失后，开盖，驱赶白烟并蒸至内容物呈黏稠状。视消解情况，可再补加 3 mL 硝酸、3 mL 氢氟酸、1 mL 高氯酸，重复以上消解过程。取下坩埚稍冷，加入 3 mL 盐酸溶液（1+1），温热溶解可溶性残渣，全量转移至 50 mL 容量瓶中，加入 5 mL 10%氯化铵溶液，冷却后用水定容至标线，摇匀。

（2）微波消解法

准确称取 0.2 g（精确至 0.000 2 g）试样于微波消解仪中，用少量水润湿后加入 6 mL 硝酸、2 mL 氢氟酸，按照一定升温程序进行消解，冷却后将溶液转移至 50 mL 聚四氟乙烯坩埚中，加入 2 mL 高氯酸，电热板温度控制在 150 ℃，驱赶白烟并蒸至内容物呈黏稠状。取下坩埚稍冷，加入盐酸溶液（1+1）3 mL，温热溶解可溶性残渣，全量转移至 50 mL 容量瓶中，加入 5 mL 的 10%氯化铵溶液，冷却后定容至标线，摇匀。

2. 制备标准曲线

分别吸取 0 mL、0.50 mL、1.00 mL、2.00 mL、3.00 mL、4.00 mL 铬标准使用液于 50 mL 容量瓶中，然后依次加入 5 mL 的 10%氯化铵溶液，3 mL 的盐酸溶液（1+1），用水定容至刻度，摇匀。其铬的质量浓度分别为 0.00 mg/L、0.50 mg/L、1.00 mg/L、2.00 mg/L、3.00 mg/L、4.00 mg/L。采用原子吸收分光光度计按仪器测量条件由低到高质量浓度顺序测定标准溶液的吸光度。

用减去空白的吸光度与相对应的铬的质量浓度绘制标准曲线。

3. 空白试验

用去离子水代替试样，采用和试液制备相同的步骤和试剂，制备全程序空白溶液，并按仪器测量条件测定。每批样品至少制备两个以上的空白溶液。

4. 测定

取适量试液，并按仪器测量条件测定试液的吸光度，由吸光度值在标准曲线上查得铬质量浓度。

（三）结果的表述

土壤中铬的含量 w（mg/kg）按如下公式计算：

$$w = \frac{\rho \times V}{m \times (1-f)}$$

式中　ρ——试液吸光度减去空白溶液的吸光度，然后从标准曲线上查得铬的质量浓度（mg/L）；

　　　V——样品消解后定容的体积（mL）；

　　　m——试样重量（g）；

　　　f——试样中水分的含量（%）。

第五章　环境噪声源监测

第一节　工业企业与建筑施工环境噪声监测

工业企业环境噪声，是指在工业生产活动中使用设备等产生的、在厂界处进行测量和控制的干扰周围生活环境的声音。工业企业噪声包括工业企业和设备的厂界噪声，也包含机关、事业单位、团体等对外环境排放的噪声。

工业企业环境噪声监测主要是对干扰周围生活环境的工业企业或固定设备的厂界噪声的监测。

一、工业企业环境噪声监测类型

工业企业环境噪声监测一般包括工业企业噪声验收监测、噪声信访纠纷扰民监测和噪声委托监测。

（一）工业企业噪声验收监测

一是工业企业噪声验收监测主要判别项目厂界处排放的噪声是否达到标准所规定的类别标准，包括昼间标准和夜间标准。

二是工业企业噪声验收监测主要判别项目周边环境受该项目排放噪声影响是否符合标准所规定的类别标准，包括昼间标准和夜间标准，着重注意对噪声敏感建筑物的影响。

（二）噪声信访纠纷扰民监测

噪声信访纠纷扰民监测是因工业企业生产活动中使用设备等产生噪声干扰他人正常生活、工作和学习，经投诉，由有资质的检测机构进行的噪声达标判别的监测。

（三）其他噪声委托监测

项目方委托有资质的检测机构除工业企业噪声验收监测和噪声信访纠纷扰民监测外的对工业企业项目或机关、企事业单位以及团体等进行的噪声监测。

二、工业企业环境噪声执行标准

工业企业环境噪声监测执行的标准为《工业企业厂界环境噪声排放标准》。

（一）标准的适用范围

一是标准适用于工业企业噪声排放的管理、评价及控制。

二是标准也适用于对外环境排放噪声的机关、事业单位、团体等。

（二）标准限值

1. 工业企业厂界环境噪声排放限值

工业企业厂界环境噪声排放不得超过表 5-1 规定的排放限值。

表 5-1　工业企业厂界环境噪声排放限值　单位：dB（A）

厂界外声环境功能区类别	时段	
	昼间	夜间
0 类	50	40
1 类	55	45
2 类	60	50
3 类	65	55
4 类	70	55

标准中还规定"夜间频发噪声的最大声级超过限值的幅度不得高于 10 dB（A）"和"夜间偶发噪声的最大声级超过限值的幅度不得高于 15 dB（A）"。另外，当室外不满足测量条件时，可在噪声敏感建筑物室内测量，将表 5-1 中相应的限值减 10dB（A）作为评价依据。

当工业企业位于未划分声环境功能区的区域内时，若厂界外有噪声敏感建筑物则由当地县级以上人民政府参照《声环境质量标准》和《声环境功能区划分技术规范》的规定确定厂界外区域的声环境质量要求，并执行相应的厂界环境噪声排放限值。

2. 结构传播固定设备室内噪声排放限值

在工业企业厂界噪声监测中，当固定设备排放的噪声通过建筑物结构传播至噪声敏感建筑物室内时，噪声敏感建筑物室内等效声级和倍频带声压级不得超过表 5-2、表 5-3 规定的限值。

表 5-2　结构传播固定设备室内噪声排放限值（等效声级）　单位：dB（A）

噪声敏感建筑物所处声环境功能区类别	A 类房间		B 类房间	
	昼间	夜间	昼间	夜间
0 类	40	30	40	30
1 类	40	30	45	35
2 类、3 类、4 类	45	35	50	40

注：A 类房间是指以睡眠为主要目的，须保证夜间安静的房间，包括住宅卧室、医院病房、宾馆客房等；

　　B 类房间是指主要在昼间使用，须保证思考与精神集中、正常讲话不被干扰的房间，包括学校教室、
　　　会议室、办公室、住宅中卧室以外的其他房间等。

表 5-3　结构传播固定设备室内噪声排放限值（倍频带声压级）　单位：dB

噪声敏感建筑物所处声环境功能区类别	时段	房间类型	不同倍频程中的频率条件下室内噪声倍频带声压级限值				
			31.5 Hz	63 Hz	125 Hz	250 Hz	500 Hz
0 类	昼间	A、B 类房间	76	59	48	39	34
	夜间	A、B 类房间	69	51	39	30	24
1 类	昼间	A 类房间	76	59	48	39	34
		B 类房间	79	63	52	44	38
	夜间	A 类房间	69	51	39	30	24
		B 类房间	72	55	43	35	29
2 类、3 类、4 类	昼间	A 类房间	79	63	52	44	38
		B 类房间	82	67	56	49	43
	夜间	A 类房间	72	55	43	35	29
		B 类房间	76	59	48	39	34

三、监测方案编写

在方案编写前，先要进行项目调查，了解项目的地理位置和建设单位基本情况，收集项目环评报告和生态环境部门批复以及治理工艺设计资料等相关资料，通过现场勘查，了解主要噪声源状况（类型、数量、位置）、噪声敏感点位置、噪声源运行工况等，根据相关噪声监测标准和项目批复编写监测方案。

（一）资料收集

1. 明确监测对象

监测对象应属于工业企业或机关、事业单位、团体等有对外排放噪声的单位。但由营业性文化娱乐场所、商业经营活动中产生的社会生活环境噪声不属于此标准管控，由道路交通噪声或建筑施工噪声引起的噪声污染也不属于此标准管控。

2. 明确监测目的

工业企业厂界环境噪声监测一般包括工业企业噪声验收监测、噪声信访纠纷扰民监测和噪声委托监测。

（1）工业企业噪声验收监测的目的

检验建设项目竣工后的环评报告及批复的各项指标的落实情况。

检验建设项目执行《工业企业厂界环境噪声排放标准》等情况。

为项目建设单位及生态环境保护行政主管部门提供一份系统的、完整的《验收监测报告》，作为竣工验收依据。

（2）噪声信访纠纷扰民监测的目的

由信访部门委托，明确监测工况和监测标准，检验投诉人投诉处是否达到相应的噪声标准，判别是否对投诉人造成噪声污染。

（3）其他噪声委托监测的目的

噪声委托监测通常有很多种，有环境影响评价噪声本底委托监测、污染源监督性委托监测、噪声治理委托监测和认证噪声委托等。委托监测按照委托方要求进行，由委托方提供委托书、平面图和监测工况等内容的监测方案。

3. 相关材料收集

在接受项目方的委托书后，在明确监测对象和监测目的的基础上收集项目环评报告和生态环境管理部门批复以及治理工艺设计资料等相关资料。

（二）现场踏勘

1. 确定监测范围及监测时间

（1）确定监测厂界

根据提供的法律文书（如土地使用证、房产证、租赁合同等）中确定业主所拥有使用权（或所有权）的场所或建筑物边界。

（2）项目生产时间

明确项目生产时间及运行工况，噪声源种类、数量、位置及布局，噪声源运行特点、周期（昼间和夜间）。了解项目夜间是否有频发噪声和偶发噪声，如存在，应监测噪声最大声级。

（3）声源类别判别

了解被测声源的属性，确定厂界噪声监测时间。

①按产生噪声的机理，噪声可以分为机械噪声、气流噪声和电磁噪声。

机械噪声是指由各种机械设备部件在外力激励下，振动或互相撞击而产生的噪声。齿轮、轴承和壳体等振动产生的噪声是典型的机械噪声。

气流噪声也称空气动力噪声，是由气流流动过程中的相互作用，或气流和固体介质之间的相互作用产生的。鼓风机、空压机、内燃机等设备的进、排气噪声，是典型的气流噪声。

电磁噪声主要由交替变化的电磁场激发金属零部件和空气间隙周期性振动而产生的。电动机、发电机噪声中某些成分和变压器噪声是典型的电磁噪声。

②按产生噪声的时间特性，噪声可分为稳态噪声和非稳态噪声。

稳态噪声指在测量时间内被测声源起伏不大于 3 dB（A）的噪声，也就是在测量时间内被测声源的噪声最大值与最小值的差不大于 3 dB（A），应排除外界噪声对噪声最大值的影响；非稳态噪声指在测量时间内被测声源起伏大于 3 dB（A）的噪声。

③按产生噪声的频率成分分布分类，噪声可分为低频噪声、中频噪声和高频噪声。

低频噪声指主频率低于 300 Hz；

中频噪声指主频率在 300~800 Hz；

高频噪声指主频率高于 800 Hz。

2. 测点确定

（1）测点数量确定

测点数目可根据项目方的委托书和环评报告、生态环境保护行政主管部门的环评批复确定。如想了解固定噪声源对外界环境的最大影响，可选择最大声级处厂界外布点；如想了解固定噪声源对外界环境的污染程度，可在有噪声敏感建筑物的边界间隔布点；如想全面了解厂界噪声水平，可围绕厂界均匀布点，重点噪声源处加设布点。

（2）测点位置确定

测点布设应根据工业企业内噪声源、周围噪声敏感建筑物的布局以及毗邻的区域类别布设多个测点，其中应包括距噪声敏感建筑物较近以及受被测声源影响大的位置。

①一般规定。

测点位置一般选在工业企业厂界外 1 m、高度 1.2 m 以上处，距任一反射面距离不小于 1 m。

②其他规定。

当厂界外有围墙且周围有受影响的噪声敏感建筑物时测点应选在厂界外 1 m、高于围墙 0.5 m 以上的位置。

当厂界无法测量到声源的实际排放状况时，测点应选在工业企业厂界外 1 m、高度 1.2 m 以上的位置，且在受影响的噪声敏感建筑物户外 1 m 另设测点。为全面地反映噪声对噪声敏感建筑物的影响，可以选择多设点监测，找出对噪声敏感建筑物影响的最大点。

当受影响建筑物与厂界距离小于 1 m 时，应在建筑物的室内测量。室内噪声测量时，测点设在距任一反射面至少 0.5 m 以上、距地面 1.2 m 处，在受噪声影响方向的窗户开启状态下测量。

固定设备结构传声至噪声敏感建筑物室内，在噪声敏感建筑物室内测量时，测点设在距任一反射面至少 0.5 m 以上、距地面 1.2 m、距外窗 1 m 以上处，窗户关闭时测量。

在受影响房间内布设多个监测点位，应包含不同类型房间（A 类及 B 类）及可能受影响的最大测点。测量时，应关闭被测室内有可能产生干扰的声源及人为噪声的影响。

3. 测量周期和频次

根据不同监测及相应的技术规定执行。被测声源是稳态噪声时，监测时间为 1 min 的等效声级；被测声源是非稳态噪声时，监测时间为有代表性时段的等效声级（如被测声源为周期性噪声，则测量时间至少在一个完整的周期以上），必要时测量被测声源整个正常工作时段的等效声级。

夜间有频发、偶发噪声影响时同时测量最大声级。

对于非稳态噪声，指主要噪声源生产时间以及产生噪声起伏较大，监测"代表性时段"很难掌握，建议采用主要噪声源正常工作时段连续监测。

（1）工业企业噪声验收监测

测量周期和频次一般不少于连续两昼夜（无连续监测条件的，需两天，昼夜各两次）。对有明显周期的项目，建议监测 2~3 周期，每周期昼夜各一次；对生产状况不稳定的无周期的项目，可酌情增加监测周期和频次。

（2）噪声信访纠纷扰民监测

了解投诉人噪声影响最大的时段、了解被投诉工业企业噪声源运行特点，确定监测时段，监测方案由信访主管部门和投诉方认可，并在信访主管部门和投诉方认可工况下监测。

（3）噪声委托监测

测量周期和频次根据委托方认可的监测方案执行。

四、现场监测

噪声监测应当在确保项目工况稳定、环境保护设施运行正常的情况下进行，并如实记录监测时的实际工况以及决定或影响工况的关键参数、如实记录能够反映环境保护设施运行状态的主要指标。真实地反映项目噪声污染和设施运转情况，准确地评价项目噪声的源排放强度、厂界噪声值和敏感建筑物外噪声值。

（一）气象条件

测量应在无雨雪、无雷电、风速 5 m/s 以下的气象条件下进行。

（二）测量仪器

1. 仪器选择

测量仪器精度应在 2 型及 2 型以上的积分平均声级计或环境噪声自动监测仪器，其性能应不低于《积分平均声级计》对 2 型仪器的要求。校准所用仪器应符合《电声学声校准器》对 1 级及 2 级声校准器的要求，并定期校验测量仪器和声校准器。

测量 35 dB 以下的噪声应使用 1 型声级计，且测量范围应满足所测量噪声的需要。

要进行噪声的频谱分析时，仪器性能应符合《倍频程和分数倍频程滤波器》中对滤波器的要求。

测量结构传播固定设备室内噪声时，测量仪器性能应符合 GB 3785.1 对 1 型声级计的要求。

2. 仪器检定

测量仪器和校准仪器应按规定定期检定合格，并在有效期内使用。

噪声测量仪器和声校准仪器应每年检定一次并合格，在仪器上粘贴计量合格标志（如设备编号、计量检定单位、检定有效期等）。

3. 仪器校准

每次测量前使用声校准器校准仪器，测量前校准值与测量后的校验值偏差不得大于 0.5 dB（A），否则测量无效。

4. 其他

测量时传声器应加防风罩；采用风速仪现场记录监测过程的风速，记录测量时是否有雨，保证监测过程满足标准要求。

（三）测量工况

监测应在项目生产处于正常的生产秩序和生产规模时进行，并注明监测期间项目噪声设备和设施的运转情况，详细地描述有几台噪声源运行，必要时描述噪声源的具体位置及运行情况等。

（四）背景噪声

背景噪声的测量仪器、测量参数与测量被测声源的要求一致，测量环境为不受被测声源影响且其他声环境与测量被测声源时保持一致。具体详见本篇第四章背景噪声的测量与修正。

对于只须判断达标情况时，若噪声测量值低于相应噪声排放标准的限值，可以不进行背景噪声的测量及修正，注明后直接判定达标；若噪声测量值高于相应噪声排放标准的限值，必须进行背景噪声的测量及修正。

（五）测量记录

根据监测方案进行监测的同时须做好测量记录。记录内容包括被测单位名称、地址、厂界所处声环境功能区类别、气象条件、测量仪器、校准仪器、测点位置、测量时间、测量时段、仪器校准值（测前、测后）、主要声源、测量工况、示意图（厂界、声源、噪声敏感建筑物、测点等位置）、噪声测量值、背景测量值、测量人员、校对人、审核人等相关信息。

五、监测报告编写

在监测方案的基础上，需要增加以下内容：

一是监测日期及时间。

二是监测期间工况。

三是使用仪器名称、型号、编号及检定证书编号、有效期（声级计、声校准器和风速仪等）。

四是测量结果评价。监测结果经背景噪声修正取整后再进行评价。

第二节　社会生活环境噪声监测

一、现场勘查与方案编写

（一）现场勘查

了解项目基本情况，包括项目边界范围、周边环境及敏感目标、声源情况等。

1. 落实项目边界

边界由法律文书（如土地使用证、房产证、租赁合同等）中确定的业主所拥有使用权（或所有权）的场所或建筑物边界。各种产生噪声的固定设备、设施的边界为其实际占地的边界（是指没有明确边界，以设备实际占用地方为边界）。

值得注意的是，边界并不只是平面的线还包括立体的面，特别是一些城市内部的大型商业综合体，往往声源布设于楼顶，其高空排放噪声相比地面大很多，这时边界即为整个建筑的侧立面。

2. 调查周边环境及敏感目标

调查项目周边环境，包括附近的道路、铁路等影响本项目的其他噪声源。

调查敏感目标是指受本项目影响的住宅、医院、学校、机关、科研单位等须要保持安静的建筑物。

3. 调查声源情况

调查产生噪声源的设备安装的位置、数量、运行时间，是否有高空声源及结构传声。

第一，了解设备安装的位置、数量，该处设备对应的边界位置，确定是否有高空声源及结构传声，方便确定方案中的监测点位。

第二，调查设备的运行时间，确定昼间、夜间测量时段，夜间有频发、偶发噪声影响时同时测量最大声级。

第三，判断声源是否为稳态声源，确定测量时长，用声级计测量被测声源的声级是否为稳态噪声，以此结果确定测量时间。

被测声源是稳态噪声，测量 1 min 的等效声级。

被测声源是非稳态噪声，测量被测声源有代表性时段的等效声级，必要时测量被测声源整个正常工作时段的等效声级。

对于稳态噪声的监测相对简单，标准规定也比较明确。对于非稳态噪声，监测人员对"有代表性时段"不好把握，建议可采用正常工作时段连续监测的方式。

（二）编制监测方案

根据现场勘查情况，编制监测方案。方案中须明确执行标准，监测项目、测点位置、监测频次等信息。

1. 执行标准

（1）边界噪声排放限值

社会生活噪声排放源边界噪声不得超过表5-4规定的排放限值。

表5-4　社会生活噪声排放源边界噪声排放限值　单位：dB（A）

边界外声环境功能区类别	时段	
	昼间	夜间
0	50	40
1	55	45
2	60	50
3	65	55
4	70	55

注：①在社会生活噪声排放源边界处无法进行噪声测量或测量的结果不能如实地反映其对噪声敏感建筑物的影响程度的情况下，噪声测量应在可能受影响的敏感建筑物窗外1 m处进行。

②当社会生活噪声排放源边界与噪声敏感建筑物距离小于1 m时，应在噪声敏感建筑物的室内测量，并将表5-4中的限值减10 dB（A）作为评价依据。

标准限值的制定依据：依据《声环境质量标准》中规定的各类声环境功能区的标准限值进行制定，不同的是GB 3096中的标准限值代表了该区域的环境噪声的总和，而排放标准的限值仅指被测对象边界的环境噪声，不属于被测对象产生的环境噪声应作为背景值予以扣除。

该限值与结构传声的室内限值有较大区别，其本质还是边界噪声限值。当边界与噪声敏感建筑物距离小于1 m时，这时如果在边界布点，其点位距离反射面的距离将小于1 m，在边界进行监测缺乏可操作性，这时应在噪声敏感建筑物的室内测量，标准限值降低10 dB（A）进行限定。

对边界外未划定声环境功能区边界执行标准的情况，参照《工业企业厂界环境噪声排放标准》中的规定，当边界外有噪声敏感建筑物时，由当地县级以上人民政府参照GB

3096 和 GB/T 15190 规定确定边界外区域的声环境质量要求，并执行相应的边界噪声排放标准。

（2）结构传播固定设备室内噪声排放限值

在社会生活噪声排放源位于噪声敏感建筑物内情况下，噪声通过建筑物结构传播至噪声敏感建筑物室内时，噪声敏感建筑物室内噪声不得超过表 5-5 和表 5-6 规定的限值。

表 5-5　结构传播固定设备室内噪声排放限值（等效声级）　单位：dB（A）

噪声敏感建筑物时段所处声环境功能区类别	A 类房间		B 类房间	
	昼间	夜间	昼间	夜间
0	40	30	40	30
1	40	30	45	35
2、3、4	45	35	50	40

注：A 类房间是指以睡眠为主要目的，须保持夜间安静的房间，包括住宅卧室、医院病房、宾馆客房等；

　　B 类房间是指主要在昼间使用，须保持思考与精神集中、正常讲话不被干扰的房间，包括学校教室、会议室、办公室、住宅中卧室以外的其他房间等。

表 5-6　结构传播固定设备室内噪声排放限值（倍频带声压级）　单位：dB

噪声敏感建筑物所处声环境功能区类别	时段	不同房间类型对应的室内噪声倍频带声压级限值	倍频程中心频率				
			31.5 Hz	63 Hz	125 Hz	250 Hz	500 Hz
0	昼间	A 类、B 类房间	76	59	48	39	34
	夜间	A 类、B 类房间	69	51	39	30	24
1	昼间	A 类房间	76	59	48	39	34
		B 类房间	79	63	52	44	38
	夜间	A 类房间	69	51	39	30	24
		B 类房间	72	55	43	35	29
2、3、4	昼间	A 类房间	79	63	52	44	38
		B 类房间	82	67	56	49	43
	夜间	A 类房间	72	55	43	35	29
		B 类房间	76	59	48	39	34

注：对于在噪声测量期间发生非稳态噪声（如电梯噪声等）的情况，最大声级超过限值的幅度不得高于 10 dB（A）。

最大声级的规定：标准中"发生在噪声监测期间"，说明只要发生非稳态噪声（如电梯噪声等），昼间、夜间均测量最大声级，最大声级超过限值的幅度不得高于 10 dB（A），限值指表 5-5 中结构传播固定设备室内噪声等效声级排放限值。

结构传播固定设备室内噪声排放限值与边界噪声不得不在室内进行监测标准限值减 10 dB 意义完全不同，使用时要注意限值要求与测量方法的区别。

由空调器、冷却塔、通风设备、供水设备、供热设备、电梯等室内外固定设备产生的噪声，通过结构传播途径影响室内环境已经引起人们关注，这种噪声影响主要是中心频率为 125 Hz、250 Hz、500 Hz 等低频噪声成分。

2. 监测项目

户外测量等效连续 A 声级；当固定设备结构传声至噪声敏感建筑物室内时，测量室内等效连续 A 声级及 31.5~500 Hz 倍频带声压级。

3. 测点位置

根据勘查的声源位置（如声源位于高空、边界设有声屏障等）及周围敏感点实际位置，边界是否能够监测到实际排放状况（确定声级计传声器的位置）来选定。

4. 监测频次

在验收监测中，对有明显生产周期、污染物排放稳定的建设项目，对污染物的采样和测试频次一般为 2~3 周期，每个周期 3 次以上。

噪声测试一般不少于连续两昼夜（无连续监测条件的，需两天，昼夜各两次）。

符合以下条件的可酌情增加监测周期及频次：

一是如果外界有敏感目标，且容易产生噪声污染事件的项目；

二是生产状况不稳定，易产生夜间突发噪声的建设项目；

三是边界处声环境复杂，造成监测数据超标时，须要进行背景噪声监测的项目。

二、现场监测

测量前，首先根据声级大小、测试项目，选择测量仪器；之后进行现场监测，内容包括：气象条件测量；确认工况；用声校准器对声级计校准；按照方案中的测点数量、位置、频次进行监测；根据需要进行背景测量及测量结果修正；测量结束后，用声校准器对仪器进行校验，校准和校验结果小于 0.5 dB；做好现场记录（同步进行）。

（一）测量仪器

1. 仪器选择

测量仪器为积分平均声级计或环境噪声自动监测仪，其性能应不低于 GB 3785 和 GB/

T 17181 对 2 型仪器的要求。测量 35 dB 以下的噪声应使用 1 型声级计，且测量范围应满足所测量噪声的需要。校准所用仪器应符合 GB/T 15173 对 1 级或 2 级声校准器的要求。当需要进行噪声的频谱分析时，仪器性能应符合 GB/T 3241 中对滤波器的要求。

结构传播固定设备测量应符合 GB 3785 和 GB/T 17181 要求的 1 型实时噪声频谱分析仪，能够同时测量等效连续 A 声级和倍频带声压级。

2. 仪器检定

测量仪器和校准仪器应定期检定合格，并在有效使用期限内使用。测量仪器和校准仪器应每年检定一次，并在仪器上粘贴计量信息（如检定单位、检定有效期、仪器编号、校准仪器上检定值等）。

3. 仪器校准

每次测量前必须在测量现场进行声学校准，校准方法为：将声级计测量值调整至与声校准器计量结果一致。每次测后，用校准器对声级计进行校验，校验方法与校准方法相同。记录的校准值与校验值作差，差值不得大于 0.5 dB，否则测量结果无效。

为了保证仪器与现场温度等外部条件一致，减少误差，声学校准应在测量现场进行。

声校准器只能对同级或低一级的声级计进行校准。

测量须使用延伸电缆时，应将测量仪器连接延伸电缆后统一进行校准。

4. 其他

室外及开窗的室内监测，测量时传声器加防风罩，结构传播固定设备室内噪声测量可以不用加防风罩。

仪器频率计权特性设置为"A"档，时间计权特性设为"F"档，采样时间间隔不大于 1 s。

（二）测量条件

测量应在无雨雪、无雷电天气，风速为 5 m/s 以下时进行。不得不在特殊气象条件下测量时，应采取必要措施保证测量准确性，同时注明当时所采取的措施及气象情况。

（三）确认测量时工况

测量应在被测声源正常工作时间进行，同时注明当时的工况。

1. 商业经营场所工况

商业经营场所（分为商店、集贸市场）：按照实际入驻（经营）商铺占总商铺的百分比。

服务经营场所（餐饮业）：主要考虑设备开启（油烟净化装置、冷柜、压缩机等）及就餐桌数。

文化娱乐场所（电影院、剧场、文化场馆、舞厅、迪厅等）：电影院、剧场、文化场馆如实记录监测时正在播放或演出的场数，占总演出厅的百分比；舞厅、迪厅、KTV、酒吧等噪声主要有音响及音箱配备的低音喇叭，正在使用的包厢数量及大厅人数。

体育场所：正常活动或举办赛事时进行监测。

2. 商业经营设备、设施工况

空调系统、冷却塔等：开启设备的数量及功率。

锅炉房、水泵：开启设备的数量。

（四）背景噪声测量

测量环境：不受被测声源影响且其他声环境与测量被测声源一致。

测量时段：与被测声源测量的时间长度相同。

对于只须判断噪声源排放是否达标的情况，若噪声测量值低于相应的噪声源排放标准的限值，可以不进行背景噪声的测量及修正。

噪声倍频带声压级测量值的修正方法是：对背景噪声进行频谱分析，即测量背景噪声的各倍频带声压级分别对每个倍频带测量值进行修正或达标判定。

目前由于监测手段的问题，声源的判别完全依靠监测人员的主观判断。现场监测时应注意测点处声源的判别，监测数据与主要声源应同时进行记录，并体现在监测报告中。

（五）现场记录

噪声测量时要做测量记录。记录的内容应包括：被测单位名称、地址、边界所处声环境功能区类别、测量时气象条件、测量仪器、测点位置、测量时段、仪器校准值（测前、测后）、主要声源、测量工况、示意图（边界、声源、噪声敏感建筑物、测点等位置）、噪声测量值、背景值、测量人员、校对人、审核人等相关信息。

三、监测报告中明确的内容

报告中明确的内容如下：

监测日期；

监测时工况；

声级计、声校准器的名称、型号、编号及检定/校准证书编号、有效期；

测量结果评价。

标准中提出"各个测点的测量结果应单独评价。同一测点每天的测量结果按昼间、夜间进行评价。最大声级直接评价"。

第三节　建筑施工场界环境噪声监测

建筑施工是指工程建设实施阶段的生产活动，是各类建筑物的建造过程，也可以说是把设计图纸上的各种线条，在指定的地点，变成实物的过程。其包括基础工程施工、主体结构施工、屋面工程施工、装饰工程施工等。其涵盖了地上、地下、陆地、水上、水下等各范畴内的房屋、道路、铁路、机场、桥梁、水利、港口、隧道、给排水、防护等诸工程范围内的设施与场所内的建筑物、构筑物、工程物的建设。

建筑施工噪声是指在建筑施工过程中产生的干扰周围生活环境的声音。随着我国经济的迅速发展，城市化进程的加快，我国城市中各类建筑施工规模不断增长。相对于工业企业噪声、社会生活噪声、交通噪声，建筑施工噪声具有临时性、局部性、高强度等特点，特别是夏季夜间施工经常引起周围居民的投诉，对于该类噪声的管理重点是夜间施工审批严格把关，解决周围居民的投诉问题。但随着我国对建设项目审批形式的变化，今后建设项目事前、事中的管理力度将越发严格，建筑施工环境噪声排放标准不仅要广泛应用于环境影响评价中的施工期噪声预测阶段，也要广泛应用于实际施工期的噪声排放管理中。目前我国很多城市，不仅强制要求对施工工地进行扬尘的在线监测，对施工噪声也要求进行在线监测，便于施工噪声的日常管理。

一、建筑施工噪声监测类型

建筑施工噪声监测与其他类型噪声监测不同，不存在验收问题，更多地体现在施工过程中的日常监督性监测及发生扰民时的信访监测。主要有以下三种类型：

（一）日常监督性监测

建设方在施工过程中自行监测或委托有资质的监测机构进行的日常监测。

（二）信访监测

施工过程中造成周围居民投诉，由信访部门组织的为解决投诉问题而进行的监测。

（三）委托监测

施工方根据自身的管理需求，对施工项目进行的日常监测。

二、建筑施工各阶段噪声污染调查

建筑施工全过程可以分为四个阶段：基础工程阶段、主体结构阶段、屋面工程阶段及装饰工程阶段。不同阶段所用设备不尽相同，所以不同阶段具有各自独立的噪声特性。在开展各类监测的前期要搞清施工阶段，掌握施工过程的声源场地及时间分布、强度大小等特点。

（一）基础工程阶段

基础工程阶段是为建筑整体打好地基的阶段。基础工程包括：场地平整（拆除）；基础土方开挖；垫层支模；浇筑混凝土垫层；绑基础钢筋；基础支模；浇基础混凝土；基础梁支模；基础梁扎筋；浇筑基础梁混凝土；回填土至室外地坪。

主要噪声源：推土机（平整场地）、挖掘机（挖土方）、搅拌机、装载机、各种运输车辆以及打桩机、掘井机、风镐、移动式空压机等。其中，推土机、挖掘机、搅拌机、装载机及各种运输车辆这类施工机械绝大部分是移动性声源，噪声级为 90~95 dB（A）（距离 3~5 m）；而各种打桩机以及掘井机、风镐、移动式空压机等机械基本都是固定声源。目前城市施工中打桩工艺均采用静压灌桩方式，一般噪声值在 100 dB（A）以下。

由于城市管理规定，重型卡车白天不能进入市区，只能利用夜间运输土石方，所以此阶段施工现场各种设备配合运输车辆夜间运行，车辆巨大的轰鸣声致使周边环境夜间噪声污染程度高于白天，对周边居民正常休息产生严重影响。

（二）主体结构阶段

主体是建筑的骨骼。主体结构，指的是正负零以上的柱、梁、楼板、包括围护结构等所形成的整体系统。主体结构工程包括：绑柱钢筋；支柱模板；支梁板模板；浇筑柱混凝土；支梁板钢筋；浇筑梁板混凝土；楼梯支模；楼梯扎筋；浇筑楼梯混凝土。

主要声源包括：垂直运输机械；混凝土输送机械（混凝土输送泵、施工电梯）；搅拌机、振捣棒、电锯（切割钢筋）及各种运输车辆。其中，电锯等辅助设备声功率较低，使用时间较短；而振捣棒和混凝土输送泵的声功率较高，使用时间较长，影响面较广，应是大多数工地结构施工阶段的主要声源。由于混凝土的商品化，混凝土运输搅拌车广泛应用于施工工地，其声功率级为 100 dB（A）左右，也成为此阶段一个主要移动噪声源。

主体结构施工阶段是建筑施工中周期最长的阶段（工期一般为一至数年），使用的设备品种繁多，参与施工的人员也较多，应是噪声控制重点阶段。

（三）屋面工程阶段

屋面工程工序一般施工图会确定，通常屋面工程包括：找平层；保温层找坡；隔气层、防水层、面层。

主要声源：灰浆搅拌机（砂浆找平及抹面）。

（四）装饰工程阶段

装饰工程包括：砌筑填充墙、安装门窗、房心回填、外墙贴面砖、内墙粉刷水泥砂浆、楼梯扶手、做水磨石楼面、浇捣地面混凝土、做地面水磨石、做踢脚线、做墙裙、内墙涂乳胶漆面层、外墙涂料抹面、铺天棚面层、室外台阶。

主要声源包括：搅拌机、电梯、电锯、电刨、冲击钻、喷浆机、切割机、卷扬机、吊车。

装饰阶段一般占总施工时间比例较长，但声源数量少，强噪声源更少，大多数声源的声功率级较低［一般声功率级均在 90 dB（A）左右］。而且由于结构主体已经完工，部分施工机械的工作环境不再是开放性的，声源所处环境为半封闭状态，有利于噪声屏蔽，能有效地降低噪声对周边声环境的影响。所以，可认为此阶段噪声不是构成施工噪声的主要声源。

三、建筑施工场界环境噪声监测方法

建筑施工噪声监测，一般都是信访投诉和建筑施工企业认证委托监测。测量方法中的测量仪器、气象条件、背景噪声监测、监测结果评价等与《工业企业厂界环境噪声排放标准》和《社会生活环境噪声排放标准》两个排放标准基本一致，主要在测点布设、测量时间上有区别。

（一）测量仪器

1. 仪器选择

测量仪器为积分平均声级计或噪声自动监测仪，其性能应不低于 GB/T 17181 对 2 型仪器的要求。校准所用仪器应符合 GB/T 15173 对 1 级或 2 级声校准器的要求。

2. 仪器检定

测量仪器和校准仪器应定期检定合格，并在有效使用期限内使用。

测量仪器和校准仪器应每年检定一次，并在仪器上粘贴计量信息（如检定单位、检定有效期、仪器编号、校准仪器检定值等）。

3. 仪器校准

每次测量前、后必须在测量现场进行声学校准，其前、后校准示值偏差不得大于 0.5 dB，否则测量结果无效；测前校准，对声级计进行声校准，将声级计测量值调整至与声校准器计量结果一致，测后校准，用声级计测量声校准器声级大小，并记录所测数据。将测前测后两次校准数据进行作差，差值不得大于 0.5 dB，否则测量结果无效；为了保证仪器与现场温度等外部条件一致，声学校准应在测量现场进行，以减少误差；2 级声校准器不能用于对 1 型声级计进行校准；测量须使用延伸电缆时，应将测量仪器与延伸电缆一起进行校准。

4. 其他

现场利用风速仪（须通过计量）测量风速，保证监测过程满足测试条件；室外及开窗的室内监测，测量时传声器加防风罩；频率计权特性设置为 "A" 档，时间计权特性设为 "F" 档，采样时间间隔不大于 1 s。

（二）测点位置

1. 测点布设

根据施工场地周围噪声敏感建筑物位置和声源位置的布局，测点应设在对噪声敏感建筑物影响较大、距离较近的位置。

"在距噪声敏感建筑物较近的场界布点"主要目的是监测噪声对人的影响，体现"以人为本"的标准制定原则。特别是引导、促使施工方合理布局，将现场机械设备尽可能地布设在远离居民的地方，起到降低施工噪声排放，改善声环境质量的作用。

2. 测点位置规定

（1）测点位置一般规定

一般情况测点设在建筑施工场界外 1 m，高度 1.2 m 以上的位置。

（2）测点位置其他规定

当场界有围墙且周围有噪声敏感建筑物时，测点应设在场界外 1 m，高于围墙 0.5 m 以上的位置，且位于施工噪声影响的声照射区域。

当场界无法测量到声源的实际排放时，如声源位于高空、场界有声屏障、噪声敏感建筑物高于场界围墙等情况，测点可设在噪声敏感建筑物户外 1 m 处的位置。该条规定与工业企业和社会生活噪声排放标准中规定的不同，不需要在厂界（边界）与敏感点同时监测，简化了监测点位，突出了监测对周围敏感点声环境影响的监测，更具有操作性。

在噪声敏感建筑物室内测量时，测点距室内任一反射面 0.5 m 以上、距地面 1.2 m 高度以上，在受噪声影响方向的窗户开启状态下测量。

（三）测量时段和测量量

施工期间，在正常施工时段测量连续 20 min 的等效声级，夜间同时测量最大声级。正常施工时段指正常工作时段。

（四）背景噪声测量

测量环境：不受被测声源影响且其他声环境与测量被测声源时保持一致。

测量时间：稳态噪声测量 1 min 的等效声级，非稳态噪声测量 20 min 的等效声级。

对于只须判断噪声源排放是否达标的情况，若噪声测量值低于相应的噪声源排放标准的限值，可以不进行背景噪声的测量及修正。

（五）测量结果评价

各个测点的测量结果应单独评价。

夜间最大声级直接评价。

（六）测量报告内容

施工类监测一般为信访及委托监测，报告内容应包括测量时间、测量地点、测量方法、测量仪器及编号、点位序号、测点位置、等效声级、声源名称、测量结果评价（如需要）、测量点位示意图、施工工况（施工阶段）等。

第六章　生态监测技术

第一节　生态监测概述

一、生态环境监测的定义

生态监测作为一种系统地收集地球自然资源信息的技术方法，起始于 20 世纪 60 年代后期。我国的生态监测兴起于 70 年代，至今已开展了一系列的环境、资源和污染的调查与研究工作，各相关部门和单位相继建立了一批生态观测定位站和生态（环境）监测站，对部分区域乃至全国的生态环境进行了连续监测、调查和分析评价。但多年来，人们对于生态监测的概念始终有着不同的理解。

结合生态环境部门生态保护的工作职责，生态环境监测至少应该包括两部分：一是监测生态环境质量；二是监督对生态环境有影响的自然资源开发利用活动、重要生态环境建设和生态破坏恢复工作。作为环境监测的重要组成部分，生态环境监测既是一项基础性工作，为生态保护决策提供可靠数据和科学依据；又是一种技术行为，为生态保护管理提供技术支撑和技术服务。因此，我们在前人研究成果基础上将生态环境监测定义为：生态环境监测，又称生态监测，是以生态学原理为理论基础，综合运用可比的和较成熟的技术方法，对不同尺度生态系统的组成要素进行连续监测，获取最具代表性的信息，评价生态环境状况及其变化趋势的技术活动。

二、生态环境监测的原理和方法

生态环境监测实际上是环境监测的深入与发展。由于生态系统本身的复杂性，要完全将生态系统的组成、结构、功能进行全方位的监测十分困难。生态学理论的不断完善，特别是景观生态学的飞速发展，为生态监测指标的筛选、生态质量评价方法的建立以及生态系统管理与调控提供了理论依据和系统框架。生态学的基础理论中，研究生态系统组成要素、结构与功能、发展与演替以及人为影响与调控机制的生态系统生态学原理更为生态监测提供了理论依据。生态系统生态学的研究领域主要涵盖了自然生态系统的保护和利用，生态系统的调控机制，生态系统退化的机理、恢复模型与修复技术，生态系统可持续发展问题以及全球生态问题等。景观生态学中的一些基础理论，如景观结构和功能原理、生物多样性原理、物种流动原理、养分再分配原理、景观变化原理、等级（层次）理论、空间异质性原理等，已经成为指导生态环境监测的基本思想。这些理论研究从宏观上揭示生物与其周围环境之间的关系和作用规律，为有效保护自然资源和合理利用自然资源提供了科学依据，也为生态监测提供了理论基础。

在监测技术方法方面，由于生态监测具有较强的空间性，在实际监测工作中不仅要使用传统的物理监测、化学监测和生物监测技术方法，更要使用现代的遥感监测技术方法，同时结合先进的地理信息系统与全球定位系统等技术手段。

三、生态环境监测的任务

生态环境监测的基本任务是对生态环境状况、变化以及人类活动引起的重要生态问题进行动态监测，对破坏的或退化的生态系统在人类治理过程中的恢复过程进行监测，通过长时间序列监测数据的积累，建立数学模型，研究生态环境状况和各种生态问题的演变规律及发展趋势，为预测预报和影响评价奠定基础等，寻求符合国情的资源开发治理模式及途径，为国家和各级政府、部门以及社会各界开展生态保护、科学研究和问题防控等提供可靠数据和科学依据，有效保护和改善生态环境质量，促进国民经济持续协调地发展。

具体来说，生态环境监测的主要任务涉及以下八方面：

第一，监测人类活动影响下的生态环境的组成、结构和功能现状和动态，综合评估生态环境质量现状和变化，揭示生态系统退化、受损机理，同时预测变化趋势。

第二，监测自然资源开发利用活动、重要生态环境建设和生态破坏恢复工作所引起的生态系统的组成、结构和功能变化，评估生态环境受到的影响，以合理利用自然资源，保护生存性资源和生物多样性。

第三，监测人类活动所引起的重要生态问题在时间以及空间上动态变化，如城市热岛问题、沙漠化问题、富营养化问题等，评估其影响范围和不利程度，分析问题形成的原因、机理以及变化规律和发展趋势，通过建立数学模型，研究预测预报方法，探讨生态恢复重建途径。

第四，监测生态系统的生物要素和环境要素特征，揭示动态变化规律，评价主要生态系统类型服务功能，开展生态系统健康诊断和生态风险评估，以保护生态系统的整体性及再生能力。

第五，监测环境污染物在生物链中的迁移、转化和传递途径，分析和评估其对生态系统组成、结构和功能的影响。

第六，长期连续地开展区域生态系统组成、结构、格局和过程监测，积累生物、环境和社会等各方面监测数据，通过分析和研究，揭示区域甚至全球尺度生态系统对全球变化的响应，以保护区域生态环境。

第七，支撑政府部门制定生态与环境相关的法律法规，建立并完善行政管理标准体系和监测技术标准体系，为开展生态环境综合管理奠定行政、法律和技术基础。

第八，支持国际上一些重要的生态研究及监测计划，如 GEMS、MAB、IGBP 等，合作开展生物多样性变化、多种空间尺度的生物地球化学循环变化、生态系统对气候变化及气候波动的响应以及人类与自然耦合生态系统等的监测与科学研究。

四、生态环境监测的特点

生态环境是人类赖以生存和发展的各种生态因子和生态关系的总和，是环境受到人类活动影响的产物，涉及水圈、土圈、岩石圈和生物圈等自然环境，同时涉及与人类活动相关的社会环境。生态环境本身的极端复杂性，决定了生态环境监测具有明显的综合性、长期性和复杂性等特点。

（一）综合性

在生态环境构成中，自然环境包括水、土、气、生物等多个要素，各要素之间又具有复杂的相互作用关系，且类型多样、空间差异显著，加之社会环境受到人类的影响具有多重性和不确定性，这些都要求生态监测不仅要监测生物要素，还要监测水、土、气等环境要素，同时还要关注社会要素。另外，生态环境监测数据包括遥感监测数据、地面监测数据、调查与统计数据等，多源性、异构性和专业性特征显著，要结合起来科学使用，采用综合评估的方法，真实客观地反映生态环境质量状况、变化以及发展趋势。再者，某一个生态效应往往是几个因素综合作用结果，例如水体受到污染的问题，通常是多种污染物并存，由此产生的生态效应也是多种污染物耦合作用的结果，通过生态环境监测手段可以综合反映水体污染状态或效应，传统的理化监测方法则无法反映这种复杂的关系。

（二）长期性

在生态环境的发展和变化过程中，自然生态变化过程十分缓慢，加上生态系统自身具有自我调控功能，短期的监测结果往往不能反映生态环境的实际情况。而且，生态环境本身的变化也不可能在短时间内集中显现，而是一个渐变的过程，从量变的不断累积，最终发展到质变的飞跃。只有适应这些客观规律来开展长期连续的生态环境监测，才能累积起长时间序列和多空间尺度的数据，从中探寻并揭示生态环境演变规律及发展趋势。

（三）复杂性

由前述的定义可知，生态环境是一个庞大的动态系统，不仅组成要素复杂，而且各要素彼此之间具有相互依赖、相互促进、相互制约的多种作用关系；同时，人类活动对生态系统的干扰日益强烈，使得生态变化过程更趋复杂。由此可见，在生态监测中要区分开是自然的演变过程还是人为干扰的影响效应十分困难。与此同时，人类对生态过程的认识是逐步深入的，对生态环境变化规律的发现和掌握也是一点一点清晰起来的。因此，可以说生态监测是一项涉及多学科、多部门的极复杂的系统工程。

五、生态环境监测的内容

生态环境监测的对象就是生态环境的整体。从层次上可将监测对象划分为个体、种群、群落、生态系统和景观五个层次。生态环境监测的内容包括自然环境监测和社会环境监测两大部分，具体包括环境要素监测、生物要素监测、生态格局监测、生态关系监测和社会环境监测。

（一）环境要素监测

对生态环境中的非生命成分进行监测，既包括自然环境因子监测（如气候条件、水文条件、地质条件等自然要素监测），也包括环境因子监测（如大气污染物、水体污染物、土壤污染物、噪声、热污染、放射性、景观格局等人类活动影响下的环境监测）。

（二）生物要素监测

对生态环境中的生命成分进行监测，既包括对生物个体、种群、群落、生态系统等的组成、数量、动态的统计、调查和监测，也包括污染物在生物体中的迁移、转化和传递过程中的含量及变化监测。

（三）生态格局监测

对一定区域范围内生物与环境构成的生态系统的组成组合方式、镶嵌特征、动态变化以及空间分布格局等进行的监测。

（四）生态关系监测

对生物与环境相互作用及其发展规律进行的监测。围绕生态演变过程、生态系统功能、发展变化趋势等开展监测和分析研究，既包括自然生态环境（如自然保护区）监测，也包括受到干扰、污染或得到恢复、重建、治理后的生态环境监测。

（五）社会环境监测

人类是生态环境的主体，但人类本身的生产、生活和发展方式也在直接或间接地影响生态环境的社会环境部分，反过来再作用于人类这个主体本身。因此，对社会环境，包括政治、经济、文化等进行监测，也是生态监测的重要内容之一。

六、生态环境监测的类型

从生态环境监测的发展历史来看，人们划分生态环境监测类型的方法很多，各有侧重。

（一）按照不同生态系统进行划分

最常见的生态监测类型划分方法是依据监测的不同生态系统，将生态监测划分为森林生态监测、草原生态监测、湿地生态监测、荒漠生态监测、海洋生态监测、城市生态监测、农村生态监测等类型。这种划分方法突出了生态系统层次的生态监测，旨在通过监测获得关于该类生态系统的组成、结构和动态变化资料，分析研究生态系统现状、受干扰（多指人类活动干扰）程度、承载能力、发展变化趋势等。

（二）按照不同空间尺度进行划分

按照不同空间尺度，人们通常把生态监测划分为宏观生态监测和微观生态监测两大类型，二者相辅相成、互为支撑。

1. 宏观生态监测

在景观或更大空间尺度上（如区域尺度、全球尺度）监测生态环境状况、变化及人类活动对生态环境的时空影响。宏观生态监测一般采用遥感（RS）、地理信息系统（GIS）以及全球定位系统（GPS）等空间信息技术手段获取较大范围的遥感监测数据，也可采用区域生态调查和生态统计的手段获取生态地面监测和调查数据。

2. 微观生态监测

监测的地域等级最大可包括由几个生态系统组成的景观生态区，最小也应代表单一的生态类型。微观生态监测多以大量的生态定位监测站为基地，以物理、化学或生物学的方法获取生态系统各个组分的属性信息。根据监测的具体内容，微观生态监测又可分为干扰性生态监测、污染性生态监测、治理性生态监测以及生态环境质量综合监测，常用的方法有生物群落调查法、指示生物法、生物毒性法等。

（三）按照不同目的属性进行划分

按照不同的目的属性，可将生态监测划分为综合监测和专题监测。综合监测以获取生态环境质量为目标，需要对生态环境的各要素进行监测与调查，并通过建立综合性的数学模型来量化目标，并从各方面分析生态环境质量变化、原因和发展趋势。专题监测则是围绕特定的生态问题或资源开发、生态建设、生态破坏和恢复等活动进行的影响监测与评估，分析影响范围、程度和形成原因。

（四）按照不同技术方法进行划分

按照不同的技术方法，可将生态监测划分为生态遥感监测和生态地面监测。生态遥感监测是利用运载工具上的仪器，通过从远处收集生态系统各组分的电磁波信息以识别其性质的监测技术，多应用于宏观监测。生态地面监测是应用可比的方法，对一定区域范围内的生态环境或生态环境组合体的类型、结构和功能及其组成要素等进行系统的地面测定和观察，利用监测数据反映的生物系统间相互关系变化来评价人类活动和自然变化对生态环境的影响。

七、生态环境监测的问题与发展趋势

（一）存在的问题

相对而言，我国的生态监测起步较晚，虽然发展很快，但经验少、底子薄，各地区、各部门、各学科发展不平衡等是不争的事实。这造成了我国生态监测在发展过程中的局限性和差异性，使其不能很好地发挥作为生态保护"耳目"和"哨兵"的基础性作用。总结起来，目前我国的生态监测存在以下问题：

1. 生态监测缺乏统一管理，部门间任务存在交叉和重复

生态监测是生态保护过程中一项极为复杂的系统工程，涉及环保、农业、林业、海洋、气象、国土等多个部门。做好生态保护工作，需要各部门各单位的密切配合与团结协作。但在现实中，这几乎是一种奢望。我国目前的生态监测工作缺乏统一、有效的管理机制，各部门间缺乏联合与协作，没能形成统一规划和布局进行生态保护。尽管国务院"三定"方案对各部门的职责进行了明确分工，但在具体开展工作的过程中，各部门仍由于对职责的理解不同，造成任务界定不清，使生态监测工作出现交叉、重复和空白。

"三定"方案中，与环境监测有关并可能造成不同理解的职责主要有：①生态环境部

职责中，有"制定和组织实施各项环境管理制度；按国家规定审定开发建设活动环境影响报告书；指导城乡环境综合整治；负责农村生态环境保护；指导全国生态示范区建设和生态农业建设"，有"负责环境监测、统计、信息工作；制定环境监测制度和规范；组织建设和管理国家环境监测网和全国环境信息网；组织对全国环境质量监测和污染源监督性监测"。②农业农村部职责中，有"组织农业资源区划、生态农业和农业可持续发展工作；指导农用地、渔业水域、草原、宜农滩涂、宜农湿地、农村可再生能源的开发利用以及农业生物物种资源的保护和管理；负责保护渔业水域生态环境和水生野生动植物工作"。③国家林业和草原局职责中，有"组织全国森林资源调查、动态监测和统计"，有"指导森林、陆生野生动物、湿地类型自然保护区的建设和管理"。④自然资源部：组织监测、防治地质灾害和保护地质遗迹；依法管理水文地质、工程地质、环境地质勘察和评价工作。监测、监督防止地下水的过量开采与污染，保护地质环境；认定具有重要价值的古生物化石产地、准地质剖面等地质遗迹保护区。

从上述各行业部门职责中不难看出，尽管国家对部门分工很明确，如农业部门负责农业（含农业生态环境）、林业部门负责林业（含林业资源）、国土部门负责资源（如土地资源）等，但对于环境监测职责却保持着各自的理解。大家都认为在自己的职责范围有开展行业性环境监测的任务，因而做了很多相同或相似的工作。如前文所述，各有关部门均在组建自己的生态环境监测网络，尽管目的或有不同，但就国家这一整体而言，无疑是一种极大的浪费。此外，由于部门壁垒尚未消除，监测信息共享困难，也造成了管理上的困难。在利益驱使下，很多工作之间存在很大的重叠。像近年来开展的耗资较大的生态环境状况调查，每个部门都争着去做，都希望建立自己的数据库。与建网建库建队伍相比，生态保护已不再是生态监测的最终目的，只不过是一张保护伞。在这种本末倒置的情况下，即使国家投入再高，也不可能取得良好效果。

与之相反，各部门各单位在过分依赖遥感技术开展宏观生态监测的同时，忽略了地面微观生态监测工作的开展，使生态监测工作出现"瘸腿"现象；同时，对生态地面监测的技术体系和法制保障体系建设未能给予足够重视，致使其进展缓慢，几乎还是空白。

2. 生态监测信息不够规范，信息共享与整合困难

以生态保护为最终目的生态监测，是环境监测的一个重要组成部分，是以能够全面、及时、准确地反映生态环境状况及其变化趋势为直接目标并为生态保护管理与决策服务的综合性的技术行为。这要求不同时间和空间尺度的监测信息必须具备可比性和连续性。

然而，目前的生态监测技术仍不规范，监测指标不一，监测方法多样，评价方法千差万别。由于没有科学统一的监测技术体系，各部门各单位的监测信息相互之间缺乏可比性和连续性，无法进行有效整合，造成了分析和评价上的片面性和局限性；同时，当前的生态监测技术体系的发展没有跟上科技发展的步伐，监测科研工作基础薄弱，创新能力有待提高。

3. 生态监测网络松散，国家级生态监测网络建立缓慢

建立管理有序、技术规范和信息共享的生态监测网络，是开展生态监测的重要保证。我国目前已有的生态监测网络多属行业性质，且各自独立，整体上处于一种松散的组织状态。监测结果只能反映某一区域或某一生态系统状况或某类生态问题，无法从整体上对生态环境状况进行把握，进而可能误导决策。

4. 环境监测法律依据不足，法制保障力度亟待加强

《中华人民共和国环境保护法》第十一条规定，"国务院环境保护行政主管部门建立监测制度、制定监测规范，会同有关部门组织监测网络，加强对环境监测的管理。国务院和省、自治区、直辖市人民政府的环境保护行政主管部门，应当定期发布环境状况公报"。此外，我国还发布了一些污染防治方面的法律法规，像《中华人民共和国水污染防治法》《中华人民共和国环境噪声污染防治法》《中华人民共和国海洋环境保护法》《中华人民共和国固体废物污染环境防治法》《中华人民共和国放射性污染防治法》等。但直到目前为止，我国还没有一部较正式的法律法规对环境监测做出具体规定，给予其法制保障，生态监测法律方面几乎是一片空白。在无法可依、无规可守的现实面前，我国的生态监测举步维艰，直接造成了各部门各单位间任务不清、劳动重复、资源浪费的局面，极大地影响了生态保护决策和效果。

5. 生态监测能力普遍较低，技术水平亟待提升

限于经济社会发展水平、监测指标和技术方法的复杂性以及监测投入浩大等各种原因，我国目前的生态监测能力从总体上看仍然很低，地区间及行业部门间的能力水平参差不齐。在全国各级环境监测（中心）站中，能够独立开展生态监测工作的很少。省级及部分地市级监测站之所以连续几年成功开展了生态环境质量评价工作，也是因为生态环境部从国家层面给予了支持，中国环境监测总站充分发挥组织、协调和技术指导作用，各省级环境监测站间互帮互助。但目前大部分监测站仍然不是没人员缺设备，就是没技术少经费。

6. 生态监管体系尚未形成，生态监管力度不够

生态监测管理体系属环境监测管理体系范畴，是以开展生态监测为主要任务，以有效服务于生态环境管理和决策为主要目的的综合性技术支撑体系，由监测网络体系、监测指标体系、技术方法体系、监测和评价标准体系、法制保障体系构成。前面的几个问题已经

表明，我国目前还没有形成这样一种科学体系，还不能对全国的生态环境状况进行有效监管和统一监测，还不能对生态环境整体状况和变化趋势进行准确把握，因而不能为生态保护宏观决策和管理提供全面、客观和准确的科学依据。

（二）发展趋势

生态环境是人们生存和发展的基本载体，保护生态环境是关系到人们生产生活健康的重大民生工程。生态监测是政府宏观管理决策的重要基础，是生态与环境监管的"耳目""哨兵""尺子"，发挥着为生态保护和环境监管提供技术支撑的重要作用，对工程建设和资源开发活动可能造成的生态影响进行技术监督的重要作用，以及正向引导政府开展生态与环境保护的重要作用。

我国的生态监测在当前新的历史条件下，已迎来加速发展的重要战略机遇期，必须为建设生态文明提供强有力的技术支撑，在建设美丽中国的过程中发挥保驾护航的作用。从国家现实需求、生态监测现状以及监测技术发展历史规律来看，未来我国生态监测的总体发展趋势如下：

第一，统一的国家生态环境监测网络逐步形成，地面监测技术与"3S"技术有机结合，从宏观和微观角度全面监测不同尺度生态环境状况。

第二，天地一体化的生态监测技术体系得以建立，技术方法趋向标准化、规范化、自动化和智能化，监测数据的可比性、连续性和代表性持续增强，监测仪器设备向多功能、集成化和系统化方向发展，监测业务由劳动密集型向技术密集型转变。

第三，生态环境综合评价技术更加完善，并逐步从现状评价与变化评价转向生态风险评价，能够实现生态变化方向的预测预警。

第四，计算机技术将推进遥感监测、地面定点监测、调查与统计数据的有机结合，生态监测业务化平台的数字化、网络化和智能化水平将大幅提升。

第五，国际合作与交流更加紧密，大型生态监测与科研项目更多实施，区域生态监测信息联网共享成为可能。

第二节　大气污染与水污染生态监测

一、大气污染的生态监测

大气是生物赖以生存的条件，当大气受到污染时某些植物的形态结构、生理功能会发生变化。虽然植物不像仪器监测那样能够精确地测出各种污染物的浓度及瞬间变化，但对大气污染物质的反应非常敏感，能够长时间地监测其慢性污染变化，并找出不同污染源及污染物种类。植物作为监测大气污染的指示物，具有种类多、来源广、成本低、操作简单等优点，一些技术发达的国家也在采用这种方法。因此，利用植物发生的变化来监测大气污染状况具有一定的可行性。

（一）植物污染症状监测法

1. 监测二氧化硫（SO₂）

植物受二氧化硫伤害后出现的初始典型症状为微微失去膨压，失去原来光泽，出现暗绿色的水渍状斑点，叶面微微有水渗出并起皱。这几种症状可能单独出现，也可能同时出现。随着时间的推移，症状继续发展，成为比较明显的失绿斑，呈灰绿色，然后逐渐失水干枯，直至出现显著的坏死斑。

阔叶植物中典型急性中毒症状是叶脉间有不规则的坏死斑，伤害严重时点斑发展成为条状、块斑，坏死组织和健康组织之间有一失绿过渡带。单子叶植物在平行叶脉之间出现斑点状或条状的坏死区。针叶树受二氧化硫伤害首先从针叶尖端开始，逐渐向下发展，呈红棕色或褐色。

2. 监测氟化物

植物受氟危害的典型症状是叶尖和叶缘坏死，伤区和非伤区之间常有一条红色或深褐色界线。氟污染容易危害正在伸展中的幼嫩叶子，因而出现枝梢顶端枯死现象。此外，氟伤害还常伴有失绿和过早落叶现象，使生长受抑制，对结实过程也有不良影响。

3. 监测光化学烟雾

光化学烟雾主要是指氮氧化物和碳氢化合物（HC）在大气环境中受强烈的太阳紫外线照射后产生一种浅蓝色烟雾。在这种复杂的光化学反应过程中，主要生成光化学氧化剂（主要是O₃）及其他多种复杂的化合物，统称光化学烟雾。氧化剂以O₃为主，其次是过氧酰基硝酸酯，还有一些醛类、NO₂等。当这些氧化剂的混合物质量浓度达$0.03\sim0.04$ μg/m³时，形成光化学烟雾。光化学烟雾是一种大气污染物，也能对植物造成危害。监测方法如下：

（1）臭氧（O₃）的监测

植物受臭氧急性伤害后出现的初始典型症状为叶片上散布细密点状斑，斑点几乎是均匀地分布在整个叶片上，并且其形状、大小也比较规则，颜色呈银灰色或褐色，这种斑点随着叶龄的增长逐渐脱色，变成黄褐色或白色。

（2）过氧酰基硝酸酯类（PAN）的监测

PAN 诱发的早期症状是在叶背面出现水渍状或亮斑。随着伤害的加剧，气孔附近的海绵叶肉细胞崩溃并为气窝取代，结果使受害叶片的叶背面呈银灰色，两三天后变为褐色。PAN 诱发的一个最重要的受害症状是出现"伤带"。这些症状出现于最幼嫩的对 PAN 敏感的叶片的叶尖上。

（3）氮氧化物（NO_x）的监测

NO_x 危害植物的症状特点是叶脉之间和近叶缘处的组织显示不规则的白色或棕色的解体损伤。

（4）乙烯（C_2H_4）的监测

C_2H_4 对植物危害不像其他污染物那样会造成叶组织的破坏，它的作用是多方面的，其中一个特殊的效应是"偏上生长"，就是使叶柄上下两边叶片的生长速度不等，从而使叶片下垂。乙烯的另一个作用是引起叶片、花蕾、花和果实的脱落，因而影响某些农作物产量和花卉的观赏效果。

（5）氨（NH_3）的监测

NH_3 对植物的伤害大多为脉间点状或块状伤斑。中龄叶片似乎对 NH_3 最为敏感，整个叶片会因受 NH_3 的伤害而变成暗绿色，然后变成褐色或黑色。伤斑与正常组织之间界线明显。另外，症状一般出现较早，稳定得快。

（6）氯气（Cl_2）的监测

Cl_2 对许多植物的伤害大多表现为脉间点状或块状伤斑，与正常组织之间界线模糊，或有过渡带。有些植物的症状出现在叶缘附近，先是出现深绿色至黑色斑点，继而转变成白色或褐色。严重危害时造成全叶失绿漂白，甚至脱落。针叶树种也会出现叶尖枯斑或斑迹。

（二）指示植物监测法

对大气污染反应敏感并被用于监测和评价大气污染状况的植物称为大气污染指示植物，这种植物包括高等植物和低等植物。大气污染指示植物的敏感性与污染物的种类有关，故不同污染物所用的指示植物并不相同。

1. 监测二氧化硫（SO_2）的指示植物

监测 SO_2 的指示植物有一年生早熟禾、芥菜、堇菜、百日草、欧洲蕨、苹果、美国白蜡树、欧洲白桦、紫花苜蓿、大麦、荞麦、南瓜、美洲五针松、加拿大短叶松、挪威云杉，以及苔藓和地衣等。

2. 监测氟化氢（HF）的指示植物

对氟化氢特别敏感的植物是唐菖蒲，因此常用它作为生物监测器。此外，金荞麦、梅、葡萄、玉簪、玉米、烟草、苹果、郁金香、金钱草、山桃、榆叶梅、紫荆、杏、落叶杜鹃、梓树、北美黄杉、美洲云杉、美国黄松、小苍兰、欧洲赤松、挪威云杉等都能作为监测 HF 的指示植物。

3. 监测过氧乙酰基硝酸酯（PAN）的指示植物

监测 PAN 的植物有矮牵牛、瑞士甜菜、菜豆、繁缕、番茄、长叶莴苣、芹菜、燕麦、芥菜、大丽花以及一年生早熟禾等。

4. 监测乙烯（C_2H_4）的指示植物

监测 C_2H_4 的指示植物以洋玉兰最为有名，其他指示植物有芝麻、番茄、香石竹、棉花、兰花、石竹、茄子、辣椒、向日葵、蓖麻、四季海棠、含羞草、银边翠、玫瑰、香豌豆、黄瓜、万寿菊、大叶黄杨、瓜子黄杨、楝树、刺槐、臭椿、合欢、玉兰、皂荚树等。

5. 监测氨气（NH_3）的指示植物

监测 NH_3 的指示植物有向日葵、悬铃木、枫杨、女贞、紫藤、杨树、虎杖、杜仲、珊瑚树、薄壳核桃、木芙蓉、楝树、棉花、芥菜、刺槐等。

6. 监测氯气（Cl_2）的指示植物

监测 Cl_2 的指示植物有芝麻、荞麦、向日葵、萝卜、大马蓼、藜、万寿菊、大白菜、菠菜、韭菜、葱、番茄、菜豆、冬瓜、繁缕、大麦、曼陀罗、百日草、蔷薇、郁金香、海棠、桃树、雪松、池柏、水杉、薄壳核桃、木棉、樟子松、紫椴、赤杨、复叶槭、落叶松、火炬松、油松、枫杨等。

7. 监测二氧化氮（NO_2）的指示植物

监测 NO_2 的指示植物有悬铃木、向日葵、番茄、秋海棠、烟草等。

（三）地衣、苔藓监测法

地衣和苔藓分布很广泛，多数种类对 SO_2 和 HF 等很敏感。SO_2 年平均质量浓度在 $0.04\sim0.3mg/m^3$ 时，就可以使地衣绝迹；当大气中 SO_2 质量浓度超过 $0.05\ mg/m^3$ 时，大多数苔藓植物便不能生存。

地衣是菌（真菌）和藻类共生形成的，对 SO_2 最敏感部位是疏松菌丝与藻类共生体部分。在工业城市，通常距市中心越近，地衣的种类越少，重污染区内一般仅有少数壳状地衣，随着污染程度的减轻，会出现叶状地衣；在轻污染地区，叶状地衣数量最多，具有很强的富集能力。因此，可以选择地衣和苔藓为大气污染指示生物，通过调查树干上的地衣和苔藓的种类与数量估计大气污染程度。

1. 种类分布调查

种类分布调查的步骤和方法有下列四种：

（1）生长型调查

地衣的形态按生长型分为叶状、壳状和枝状三类。地衣对大气污染的耐受能力是壳状地衣>叶状地衣>枝状地衣。通过对监测地区各类生长型地衣分布状况的调查，将大气污染程度分为四级：①最严重污染区，一切地衣均绝迹；②严重污染区，只有壳状地衣；③轻度污染区，具壳状地衣和叶状地衣，无枝状地衣；④清洁区，枝状地衣与其他地衣生长均良好。

（2）种属分布调查

调查当地种属的分布、数量和生长状态、敏感种类是否消失、分布数量的增减、较敏感种类的生长发育状态等资料。

（3）含量分析

在调查地区选择抗性及吸污能力较强的种类，对原植体内污染物质的含量进行综合分析。

（4）用盖度和频率进行评价

地衣的盖度通常以地衣覆盖树皮的面积表示，由于在树干上多形成上下的带状群落，也可以用地衣生长的宽度与树干周长之比来表示，分为四个梯度（每25%为一个梯度）表示为宜。调查时应分别记录各种和全部地衣的盖度和频度，最后进行归纳和综合评价。

2. 人工移植法

把较为敏感的地衣或苔藓移植到监测地区进行定点监测。地衣和苔藓的移植方法是不同的。把地衣连同树皮一起切下，固定在监测地区的同种树干上；从非污染区连树皮切下附生苔藓，切成直径为5 cm左右的圆盘，置于各监测点8~10 m高的树干或其他支架上，面向污染源。也可把附生苔藓放入用窗纱做成的袋内，制成直径为4~5 cm圆球形苔袋，代替上述圆盘。

3. 评价方法

根据受害面积或受害长度的百分率进行评价，一般把受害面积的百分率为0时定为清洁，0~25%定为相对清洁，高于25%~50%定为轻度污染，高于50%~75%定为中度污染，高于75%~100%定为严重污染。

根据原植体污染物含量的多少，结合相应的标准进行评价。

（四）树木年轮监测法

除热带外，在气候有明显年变化的地区，树木一般每年形成一个生长层，即年轮。树木生长与环境条件有密切关系，如果某一年环境条件很好，树木就生长旺盛，年轮宽度大；相反，如果某一年大气污染很重，对树木的生长必然会产生影响，树木生长慢，年轮宽度小。因此，可以根据树木年轮来监测大气污染程度。树木年轮监测法常用的监测指标主要有年轮的宽度和年轮中重金属的变化两个指标。

1. 年轮的宽度

树木年轮的宽窄不仅反映了树木的生长速度、材积的年生长量、材性的优劣等，而且也是衡量外界环境因子变化的重要指标。因此，测定树木年轮宽度的差异，可以获取连续的定量资料，较全面地反映一个地区的污染历史。

2. 年轮中重金属的变化

树木的年轮是大气污染的资料储存库。例如，开采金属矿藏或金属冶炼加工中飞扬出来的重金属尘埃会逐渐沉降到附近的土壤中，树木在生长过程中不断从土壤中吸进大量重金属，通过光谱分析，便可测出年轮中"记录"下来的各年吸收重金属的含量。氟化氢气体的污染侵害松树只要几星期从年轮上即可表现出生长不良的痕迹。因此，利用树木或年轮化学分析是监测环境中重金属等微量元素水平历史变化行之有效的方法。

二、水污染的生态监测

水污染是全世界普遍存在的主要环境问题之一。水污染包括无机污染和有机污染两大类，尽管这两种类型同时存在于同一水域，其生态效应有一定差异。通常有机污染会引起生物群落结构的变化，而无机污染一般不形成富营养或过营养区域，只是随着水质污染的日趋严重，生物种类的逐渐减少，生物指数呈下降趋势。

（一）水污染的生物群落监测与生物学评价

1. 水环境污染生物监测

（1）监测目的

了解污染对水生生物的危害状况，判别和测定水体污染的类型和程度，为制定控制污染措施，使水环境生态系统保持平衡提供依据。

（2）样品采集

尽可能与化学监测断面一致，采样点数视具体情况而定。

（3）监测方法

根据生物与环境相适应的原理，通过测定水生生物的变化间接判断水质。比较常用的方法有：①指示生物法。指示生物指在一定的水环境中生活，当水环境质量发生变化时便敏感地呈现出受害症状甚至消亡的生物。观察和测定指示生物个体和种群的变化，可以比较准确地判断出环境质量状况。②群落结构法。群落结构指存在于自然界一定范围（或地域）内互相依存的一定种类的动物、植物和微生物的组成。监测水生生物的这种群落结构的变化可判断水质状况。③生物测试法。此法是利用水生生物受到污染物的毒害后，产生生理机能变化的症状来判断水体污染状况。④残毒测定法。生物从环境中吸收各种污染物质，经过体内迁移、转化和再分配，以残毒形式蓄积在生物体内。生物体内的残毒含量往往比周围环境中的相应含量高好多倍，通过测定生物体内的残毒含量可判定水受污染的状况。

2. 生物群落监测方法

（1）水体污染的指示生物法

生物群落中生活着各种水生生物，如浮游生物、着生生物、底栖动物、鱼类和细菌等。由于它们的群落结构、种类和数量的变化能反映水质状况，故称为指示生物。指示生物指对环境中的某些物质（包括 O_2、CO_2 等特殊物质）能够产生各种反应信息的生物。

（2）PFU 微型生物群落监测法（简称 PFU 法）

PFU 法是由美国弗吉尼亚工程学院及州立大学环境研究中心创立的。PFU 法是利用微型生物（主要是原生动物）群落是水生生态系统的重要组成部分的特点，用聚氨酯泡沫塑料块采集水域中微型生物和测定其群集速度来监测和评价环境质量状况。最近的研究结果表明，微型生物群落结构特征与高等生物群落特征相类似，如果环境受到外界的严重干扰，群落的平衡被破坏，其结构特征也会随之发生变化。此法简便易行，仅用一小块 PFU 的挤出液就能测出微型生物群落结构与功能的各项参数，并克服了用单一生物种类的监测结果扩大到评价整个群落层次的不足，使监测水平提高到群落层次，更符合真实环境的客观事实。

（二）污水生物处理系统的生物监测与评价

在污水中生长着各种污水生物，各种生物需要的最适环境条件不同、生物当处于有利条件时，生长、繁殖非常活跃；当处于不利条件时，则出现衰退趋势。实践表明，环境因子的变化会使生物的种类、数量、代谢等方面发生变化，因此，可以利用这种变化来指示污水的处理效果。

1. 丝状细菌的优势生长

丝状菌分布在水生环境、潮湿土壤和活性污泥中，分为铁细菌和丝状硫细菌等。在含有大量还原性硫化物的废水中，有时能见到密集的丝状体从活性污泥凝絮体中向外伸展，形成"刺毛球"状的絮粒，这可能是由硫细菌的增殖造成的。此外，细胞曝气池内的溶解氧浓度过低或过高都可能引起污泥膨胀。当曝气池内溶解氧浓度过低时，菌胶团菌的数量和活性都会受到抑制，而丝状菌是兼性菌，能够很好地适应低溶解氧环境。这样丝状菌在低溶解氧状态下就占据了优势，进而引发污泥膨胀。

2. 轮虫的出现

在污水处理系统运行正常、水质较好以及有机物含量低时出现少量轮虫，这是水质净化程度较高的表现。但当进水有机物含量极低、污泥老化絮凝、污泥碎屑较多时，会刺激轮虫的大量繁殖，数量可达每毫升近万个，这是污泥老化的标志。污泥老化会造成污泥量急剧下降、处理效果减退。

3. 固着性纤毛虫的出现

钟虫、独缩虫、累枝虫、聚缩虫和盖纤虫等都是常见的固着性纤毛虫，它们靠柄分泌黏液固着于污泥絮状体上，以吞噬有利细菌为主，它们的出现标志污泥絮状体结构较好，有利细菌较少。钟虫数量保持恒定而活跃是水质处理效果好的标志。累枝虫、独缩虫、聚缩虫和盖纤虫也是污水处理效果好的指示生物。

4. 游泳型纤毛虫的大量繁殖

游泳型纤毛虫的大量繁殖往往是污泥发生变化的标志，而游泳型纤毛虫一般在活性污泥培养中期或处理效果较差时出现。随着污泥絮状体结构的改善，游泳型纤毛虫数量大大减少时，出水水质也会好转。当发生污泥中毒、负荷增加或营养缺乏时，游泳型纤毛虫的数量也会大大增加。此外，变形虫、游离细菌、鞭毛虫等大量出现时，也是水质净化效果不理想、出水有机物含量高的标志。总之，当固着性纤毛虫多时，指示污水处理效果较好，浑浊度较低，它们都固着在絮状体上，其中还夹杂着一些爬行的纤毛虫类，说明优质的活性污泥已成熟，与此同时，往往会出现少量的红眼旋轮虫和转轮虫。无论在生活污水处理中还是在工业污水处理中，当处理效果很好时，小口钟虫都是优势种；当游泳型纤毛虫成为优势种或者数量突然增加时，都表示处理效果下降。

第三节　生态系统服务功能及评价

一、生态系统服务功能的概念

生态系统服务功能是近年来生态学领域出现的一个新名词，它的出现是对人类长期对自然资源实行掠夺性开发而导致的一系列环境问题（如气候变暖、臭氧层破坏、生物多样性减少、酸雨蔓延、森林锐减、土地荒漠化、大气污染、水体污染、海洋污染、固体废物污染等）的沉痛反思，它是人类对长期失调的人地关系的重新审视，更是人类对自然生态系统本质及其功能在科学认识上的一次新的飞跃。

生态系统服务是指人类生态系统与生态过程中形成的及所维持的人类赖以生存的自然环境与效用，包括生命支持功能，如净化功能、循环功能、再生功能等，不包括生态系统的功能和生态系统提供的服务。可以说，生态系统服务的来源是生态系统的功能，不同的生态系统服务来源于生态系统的不同功能。生态系统服务功能是指人类从生态系统中获得的效益，包括生态系统对人类可以产生直接影响的供给功能、调节功能和文化功能，以及对维持生态系统具有重要作用的支持功能。其中，供给功能是指人类从生态系统获得的各种产品，如食物、燃料、纤维、洁净水及生物遗传资源等；调节功能是指人类从生态系统过程的调节作用获得的效益，如维持空气质量、气候调节、侵蚀控制、控制人类疾病及净化水源等；文化功能是指通过丰富精神生活、发展认知、大脑思考、消遣娱乐及美学欣赏等方式使人类从生态系统获得的非物质效益；支持功能是指生态系统生产和支撑其他服务功能的基础功能，如初级生产、制造氧气和形成土壤等。

对于人类的生存和发展而言，生态系统所提供的产品和服务功能起着重要作用。产品是在市场上用货币表现的商品，而服务本身不能在市场上买卖，却具有重要价值。生态系统服务功能一旦遭受自然或人为破坏，将对人类的安全、维持高质量生活的基本物质需求、社会文化关系等人类福利产生深远的影响。因此，生态系统服务功能不但能够为人类提供生存保障，而且能够综合反映一个国家的可持续发展能力。在目前的经济及社会发展水平上，人们不得不经常在维护自然资本和增加人造资本之间进行取舍，在各种生态系统服务和自然资本的数量和质量组合之间进行选择，在不同的维护和激励政策措施之间进行比较，以合适的方式评价生态系统服务和自然资本的变动，有助于我们更全面地衡量综合国力。生态系统服务与生态过程紧密地结合在一起，是自然生态系统的属性。在自然界的运转中，生态系统充满了各种生态过程，同时产生了对人类的各项服务功能。生态系统服务在时间上是从不间断的，从某种意义上说，其总价值是无限大的。由于生态系统功能对人类的生存和发展具有不可替代性，全人类的生存和社会的持续发展都依赖着生态系统的服务功能。因此，在维护人类生存与发展的基础上，应当建设良性循环的生态系统，充分地发挥其服务功能。

尽管科学技术影响着生态系统的服务功能，但它仍然无法取代自然生态系统的服务功能。比如植物利用太阳能将 CO_2 转化为有机物，用作食品、燃料、原料及建材等；利用生物法降解有机废物，如垃圾、废水等，这些是生态系统服务功能的直接表现。还有些生态系统服务以间接方式影响着人类，如生物多样性的"超结构"现象，为人类提供新的食品、纤维和药品，这种由现存的、可用的品种和基因开发而来的新的服务功能方式正逐步发展起来。

二、生态系统服务功能的主要内容

生态系统服务的定义表明，生态系统为人类提供生存必需的食物、医药及工农业生产的原料，是维持人类赖以生存和发展的生命保障系统。生态系统服务功能应包括生态系统生产及产品、生物多样性保护、调节气候、减缓灾害、净化环境、美化与游憩等。

（一）生态系统生产及产品

生态系统的生物生产是指生物有机体在能量和物质代谢的过程中，将能量、物质重新组合，形成新的产物（碳水化合物、脂肪、蛋白质等）的过程。绿色植物通过光合作用，吸收和固定太阳能，将无机物转化成有机物的生产过程称为植物性生产或初级生产；消费者利用初级生产的产品进行新陈代谢，经过同化作用形成异养生物自身物质的生产过程称为动物性生产或次级生产。据估计，整个地球净初级生产量（干物质）为 $172.5×10^9$ v/a，生物量（干物质）为 $1841×10^9$ t，不同生态系统类型的生产量和生物量差别显著。

生物生产是生态系统服务的基本功能，生态系统通过初级生产与次级生产合成与生产了人类生存所必需的有机质及其产品。植物通过光合作用将太阳能固定而纳入食物链，为所有物种包括人类提供生命维持物质。据统计，每年各类生态系统为人类提供粮食的 $1.8×10^9$ t，肉类约 $6.0×10^8$ t，同时海洋还提供鱼类约 $1.0×10^8$ t，生态系统还为人类提供木材、纤维、橡胶、医药资源以及其他工业原料。此外，生态系统还是可再生的生物质能源的来源，全世界每年约有 15% 的能源取自生态系统，在发展中国家这个数字更是高达 40%。

（二）生物多样性保护

生物多样性是生物机体之间的变异性及其各组成部分的生态复杂性，包括遗传多样性、物种多样性和生态系统多样性。生物多样性为人类的生存与发展提供了丰富的食物、药物、燃料等生活必需品以及大量的工业原料，如它提供人类所需的消费资料（食物、烧柴、建筑材料、渔业）和生产资料（纸浆、树脂、松香、橡胶、木柴和木炭等燃料、木材、食品、布料和医药等）。生物多样性还具有重要的科研价值，每一个物种都具有独特的作用。例如，利用野生稻与农田里的水稻杂交，培育出的水稻新品种可以大面积提高稻谷的产量；在一些人类没有研究过的植物中，可能含有对抗人类疾病的成分。

保护生物多样性的目标是通过不减少遗传和物种多样性，不破坏重要生境和生态系统的方式来保护和利用生物资源，以保证生物多样性持续发展。为实现该目标要采取多方面的措施，如政策调整、土地综合利用与管理、栖息地和物种的保护与恢复、控制环境污染、建立自然保护区、珍稀动物养殖场和全球性的基因库等。生物多样性维护着生态系统的合理结构，以及健全功能和结构功能的稳定，是生态系统健康的最重要标志之一。因此，重视生态系统的服务功能，更要做好生物多样性的保护工作。

（三）调节气候

地球上有生命以来，生物通过生长代谢及协同进化创造了适宜于人类生存的环境——适宜的大气组分、地球表面的温度、地表沉积层的氧化还原电势、pH 值以及适宜的辐射光谱组成等，可以缓解极端气候、恶劣的外部空间要素对人类产生的不利影响。生态系统中的生命物质在代谢过程中，通过呼吸作用从大气中吸收氧气，绿色植物能够进行光合作用放出氧气，调节大气中氧气的变化，保证生命活动的基本气候条件。

以森林生态系统服务功能为例，植物通过发达的根系从地下吸收水分，再通过叶片蒸腾将水分返回大气，形成水分的小循环过程，使其对区域性气候具有直接调节作用。森林生态系统对大气候及局部气候的调节作用体现为：①森林能够防风，植物蒸腾可保持空气的湿度，从而改善局部地区的小气候。绿色植物尤其是高大林木所具有的防风、增湿、调温等改善气候的功能对农业生产也是有利的。②森林对有林地区的气温具有良好的调节作用，使昼夜温度不至于骤升骤降，夏季减轻干热，秋冬减轻霜冻。如森林浓密的树冠在夏季能吸收、散射、反射掉一部分太阳辐射能，减少地面增温；冬季林木叶子虽然大都凋零，但其密集的枝干仍能减小吹过地表的风速，使空气流量减少，起到保温作用。我国北方营造的农田防护林带，可在树高 20 倍的距离内降低风速 25%~40%，提高相对湿度 20%，起到防止干热风的作用。③森林是世界上有效的碳储库之一，植物每年向大气释放的氧气有 27×10^2 t，生态系统内的植物和其他生物对碳的吸收和储存可以改变大气 CO_2 的含量，从而维持了大气中 CO_2 与 O_2 的动态平衡，可以减缓温室效应。

（四）减缓灾害

生态系统复杂的组成与结构具有涵养水分、减缓灾害的作用。据统计，每年地球上的总降水量约 $1.19×10^{12}$ t，覆盖于植被树冠与地表的枯枝落叶在降雨过程中能减缓地表径流。植物生长有多层的根系，这些根系和死亡的植物组织维系和固着土壤，吸收和保持一部分水。雨季过后，植被与土壤中保持的水分又缓缓流出，在旱季为下游地区蓄水供水。森林、草原等自然生态系统是天然蓄水库，被称为"水利的屏幕"。

健康的生态系统受所处的自然地理和当地风土民情的影响，由乡土植物组成的地带性植被往往具有很强的抗干扰能力，表现为强的适应性、对干扰的抗性和恢复力。如在洪水和暴雨过程中，根系吸收水分后植物叶片以蒸腾的方式将水分释放到空气中，增加了大气湿度，从而调节降雨和径流，不但减缓地表径流的强度，而且改变降水时空分布格局，起到缓滞径流、削减洪峰、净化水质、涵养水源的作用。因此，对地理条件处于有暴发洪水危险、自然条件较差的城市，植树造林的环境效益会更加显著。此外，生态系统内的植被还具有减弱低温、焚风入侵、野火和冰凌影响，以及降低噪声和辐射危害的功能，保证了地球的长期稳定。

（五）净化环境

陆地生态系统的生物净化作用，包括植物对大气污染的净化作用和土壤-植物系统对土壤污染的净化作用。植物所具有的滞留尘土、减弱噪声、降温增湿、除臭杀菌、调节辐射等功效，为净化环境起到了积极的作用。

1. 植物对大气污染的净化作用

工业生产、交通和供暖往往造成空气污染，尤其在一些位置低洼、污染物不易扩散、清洁生产技术不发达的城市。环境污染不仅包括有机废物、农药以及其他化学污染物对土、汽、水的污染，还包括光、声、热、尘、菌、味、辐射对环境造成的污染。后者与人居环境质量有关，这些诸如光污染，生活、工业、交通造成的噪声，城市的热岛效应以及灰尘、病菌和"植源性"的气味、花粉的污染，给人带来极大的困扰。众所周知，可以选取一些具有代表性，抗性中等的较敏感植被作为指示植物，可以吸收大气污染物。植被净化空气最初是从叶片对空气中污染物和颗粒物的过滤开始的，其次才是进行吸收。植物的过滤能力随叶片面积的增加而增加，因此，树木的净化能力要高于草地与灌木。针叶具有最大的比表面积，而且冬季空气污染最严重时针叶树的树叶不脱落，因此，针叶树比落叶树的过滤能力更强。但是，针叶树对大气中的污染物较为敏感，而阔叶树对硫化物（SO_4、

SO_2)、氮氧化物（NO_x）、卤化物等污染物的吸收力很强。因此，人行道、公园、城市森林等处以种植针阔混交林的效果最好。另外，植被比水或空旷地有更强的净化空气能力，可在城市各类生态规划中注意植被种类的搭配、区域的布局、结构的配置等问题。

2. 土壤-植物系统对土壤污染的净化作用

土壤-植物系统是陆地生态系统的基本结构单元，包括绿色植物及其根系周围的土壤环境。在生态系统中，土壤生物特别是微生物能分解有机废物，使之矿化为无机营养物质，供给植物生长、发育的需要，保证地球上生物小循环的正常进行。绿色植物不仅在光合作用过程中吸收空气中二氧化碳，放出氧气，而且具有净化大气中尘埃、气溶胶、重金属和有机污染物以及细菌等的功能，也是土壤-植物系统净化功能的重要组成部分。环境污染日益严重后，土壤-植物系统被看成是一种高效的"活过滤器"。它的净化功能包括绿色植物根系的吸收、转化、降解和生物合成作用，土壤中细菌、真菌和放线菌等微生物区系的降解、转化和生物固定作用，土壤的有机、无机胶体及其复合体的吸收、络合和沉淀作用，土壤的离子交换作用，土壤和植物的机械阻留作用，以及土壤的气体扩散作用。对不同的污染物，土壤-植物系统的净化机理、能力和过程是不同的，气候和其他环境条件也起着十分重要的作用。

（六）美化与游憩

人类在长期自然演化过程中，形成了欣赏自然、享受生命及对自然情感的心理依赖，认为维持生态系统平衡、美化和稳定生活环境十分重要。除植物以外，城市内出现的动物区系如鸟和鱼，也可以给人们带来美的享受。生态系统可以改善城市景观，通过美化生态环境，增进城市居民的身心健康，改善生存质量。在自然界中，人的头脑才能更为灵活，思维才能更为敏捷，压抑才能减轻，心理、生理病态和创伤才能愈合和康复。长期定居在美化的生态系统的人，其美学倾向、艺术偏好、精神追求、价值取向等都具有生态系统印记。

生态系统又是娱乐游憩的理想场所，是审美活动的良好去处。自然生态系统的美学价值涉及生境、物种两大方面。生境的美在于地理特征、生物特征和气候特征，物种的美则包括体表特征、行为和生态学特性。旅游不但可以促进社会经济增长，而且可以增长个人见识，启发人的思想并激发好奇心，激励着人们去接近自然、探索自然，从而推动科学技术和人类文明向纵深发展。

三、生态系统服务功能价值及其评估

随着人口数量的激增，人们对生态系统产品和服务功能（食物、洁净水）的需求日益增多，表现为不可再生资源的消耗量急剧增加、生态破坏日趋严重、生态系统的服务功能衰退。截止到 2050 年，世界将净增 30 多亿人口和经济发展翻两番，这将意味着人口的增长对生物资源的需求与消费猛增，对生态系统及其服务功能的影响也将随之增强。人类的生存总是依赖生物圈及其生态系统所提供的各项服务功能，面对日益退化的生态系统，人类对其服务功能的各种需求反而持续上升，人类实现可持续发展将受到严重挑战。因此，重视和研究地球上各类生态系统的服务功能，并对生态系统服务功能的价值进行评估，成为当前生态学及经济学研究的热点。

（一）生态系统服务功能价值的特征

生态系统不仅具有直接的使用价值，如粮食、果品、畜禽、水产品和林木等，还有生态系统表现出来的间接价值，如水土保持、调节气候、防风固沙和休闲娱乐以及美学价值的生态效益。通过分析国内外各种类型的生态系统服务的价值，总结出以下六个生态系统服务功能价值的特征：

1. 整体有用性

生态资源的使用价值不是单个或部分要素对人类社会的有用性，而是各组成要素综合成生态系统以后表现出来的有用性。如森林生态系统的使用价值表现在改良土壤、涵养水源、调节气候、净化大气和美化环境等方面，这是森林中的林木、野生动物和土壤微生物等综合为一个有机的森林生态系统之后所表现出来的功能，而绝非单个要素所能表现出来的功能。

2. 空间固定性

生态系统是在某个特定地域形成的，因而生态资源都具有一定的地域性，其使用价值一般只能在相应的地域及其影响的范围内发生作用，也具有地域性，或称空间固定性。一般的商品则不受空间和位置的限制。

3. 用途多样性

一般的商品使用价值比较单一，而生态资源的使用价值具有多样性。例如森林生态系统在提供木材产品的同时，还具有调节气候、保持水土、固定二氧化碳和观赏旅游等多种用途。

4. 持续有用性

一般商品的使用价值经过一定时期的消耗后便会丧失，而生态资源只要利用适度，其多种使用价值可以长期存在和永续使用。

5. 共享性

生态资源的使用价值是指生产者与非生产者、所有者与非所有者可共享生态资源的使用价值。由于生产者和所有者以及生产活动必须在一定的地域生态环境中进行，尽管生态资源的使用价值可以超出一定的空间范围发挥作用，但生产者和经营者对它的经营范围的控制力是有限的。因此，不管所有者是否同意，非所有者和所有者均可共享其使用价值，而一般商品的使用价值则不能共享。

6. 负效益性

人类在生态系统中投入越来越多的劳动，如果投入不当就会对生态系统造成污染。这样生态资源使用价值既可以表现为对人类有益，又可以表现为对人类有害，前者是正效益，后者为负效益。例如，森林过度砍伐造成水土流失，河流两岸的超标排污造成水质污染等。

（二）生态系统服务功能价值类型

1. 直接利用价值

直接利用价值主要是指生态系统产品所产生的价值，包括食品、医药及其他工农业生产原料、景观娱乐等带来的直接价值。直接使用价值可用产品的市场价格来估计。

（1）显著实物型

直接使用价值以生物资源提供给人类的直接产品形式出现。消耗性使用价值是指没有经过市场而被当地居民直接消耗的生物资源产品的价值，如薪柴和野味。生产性使用价值是指经过市场交易的那部分生物资源产品的商品价值，如木材、药材、鱼、蔬菜、果品等。

（2）非显著实物型

直接使用价值体现在生物多样性为人类所提供的服务虽然是无实物形式，但仍然是可以感觉且能够为个人直接消费的价值，如生态旅游、动植物园参观和观看动物表演，或作为研究对象提供给科学家进行生物、遗传、生态和地理等研究。

2. 间接利用价值

间接利用价值主要指生态系统的功能价值或环境的服务价值，也就是无法商品化的生态系统服务功能，如维持生命物质的生物地球化学循环与水文循环，维持生物物种与遗传多样性、光合作用与有机物的合成、CO_2 固定、保护水源、维持营养物质循环、保护土壤肥力、污染物的吸收与降解、维持大气化学的平衡与稳定等支撑与维持地球生命保障系统的功能等。

由于生态系统的功能价值是为地方或全社会服务，其生态效益价值计算起来往往高于间接价值。作为一种非实物性和非消耗性的价值，生态系统的间接经济价值往往不能反映在国家的收益账目中。生态系统的间接价值和直接价值之间有着直接依赖关系，直接价值经常由间接价值衍生出来，因为收获的动植物生长必须得到所在环境提供的服务支持，非消耗性和非生产性使用价值的物种在生态系统中可能起着支持那些消耗性或生产性使用价值物种的作用。

3. 选择价值

选择价值是指个人和社会对生物资源和生物多样性潜在用途的将来利用，这种利用包括直接利用、间接利用、选择利用和潜在利用。选择价值的特点在于某一资源不是在现在被使用，而是为了将来能直接利用与间接利用某种生态系统服务功能的支付意愿。例如，人们为将来能利用生态系统的涵养水源、净化大气以及游憩娱乐等功能的支付意愿。人们常把选择价值喻为保险公司，即人们为自己确保将来能利用某种资源或效益而愿意支付的一笔保险金。选择价值又可分为三类：为自己将来利用、为子孙后代将来利用（也称为遗产价值）、为别人将来利用（也称为替代消费）。

4. 存在价值

存在价值亦称内在价值，是人们为确保生态系统服务功能继续存在的支付意愿。存在价值是生态系统本身具有的价值，是一种与人类利用无关的经济价值，如生态系统中的物种多样性与涵养水源能力等。存在价值是介于经济价值与生态价值之间的一种过渡性价值，它可为经济学家和生态学家提供共同的价值观。

5. 遗产价值

遗产价值是指当代人为把将来某种资源保留给子孙后代而自愿支付的费用，它体现了当代人为后代将来能受益于某种资源的存在而自愿支付的保护费用。遗产价值反映了代际利他主义动机和遗产动机，可表现为代际的替代消费。由于遗产价值涉及后代人的资源利用，因此，一些学者认为遗产价值属于选择价值范畴；但也有人指出遗产动机是确保某种资源的永续利用，作为一种资源和遗产保留下来，不涉及将来利用与否，因此属于存在价值范畴，而现在较多文献将遗产价值单独列出，与选择价值和存在价值并列。

6. 存在价值

存在价值是指人们为确保某种资源继续存在而自愿支付的费用，也称内在价值。例如，一些人（特别是在工业化国家）为了确保热带雨林或某些珍稀濒危动物的永续存在而自愿捐献钱物，而自己并不打算将来到这些热带雨林观光或利用这些野生动物，所以存在价值似乎与伦理的准则和环境保护的责任有关。存在价值的计量方法之一是利用私人对全世界自然保护事业的自愿捐款来估算。例如，世界自然基金会（WWF）每年可收到来自全世界捐献达1亿美元。存在价值是经济学家研究的经济价值和环境学家研究的生态价值之间的一种过渡性价值，为经济学家和生态学家提供了共同的价值观，是目前众多国际保护环境机构和金融机构关注的焦点，也是现代自然保护运动的源泉之一。

（三）生态系统服务价值的评价

生态系统服务价值的评价目前还处于探索阶段，在进行生态资源价值计量时，必须考虑生态系统各个功能间的相互影响。现有的生态经济学、环境经济学和资源经济学的研究成果表明，生态系统服务功能的经济价值评价方法主要有以下五种：

1. 市场价值法

市场价值法是以生态系统提供的商品价值为依据。这种方法可以直接反映在国家受益账户上，因此受到国家和地方的重视，如森林每年提供的木材和林副产品的价值。市场价值法先定量地评价某种生态服务功能的效果，再根据这些效果的市场价格来评估其经济价值。在实际评价过程中有两类评价方法，一是理论效果评价法，可分为三个步骤：①计算某种生态系统服务功能的定量值，如涵养水源的量、CO_2固定量、农作物增产量；②研究生态服务功能的"影子价格"，如涵养水源的定价可根据水库的蓄水成本估计，固定CO_2的定价可以根据CO_2的市场价格得出；③计算其总经济价值。二是环境损失评价法，这是与环境效果评价法类似的一种生态经济评价方法。例如，评价保护土壤的经济价值时，用生态系统破坏所造成的土壤侵蚀量及土地退化、生产力下降的损失来估计。

市场价值法适合于没有费用支出的，但有市场价格的生态服务功能的价值评估。例如，没有市场交换而在当地直接消耗的生态系统产品，这些自然产品虽没有市场交换，但它们有市场价格，因而可按市场价格来确定它们的经济价值。理论上，市场价值法是计量资源经济价值最基本、最直接、最广泛的一种方法，也是目前应用最广泛的生态系统服务功能价值的评价方法。但由于生态系统服务功能种类繁多，这种方法只考察了生态系统及其产品的直接经济效益，忽视了其间接效益。因此，这种方法的计算结果较片面，难以定量，实际评价时仍有许多困难。

2. 费用支出法

费用支出法是从消费者的角度来评价环境或生态系统的服务价值。它是一种古老又简单的方法，以人们对某种环境效益的支出费用来表示效益的经济价值。例如，对于自然景观的游憩效益，可以用游憩者支出的费用总和（包括往返交通费、餐饮费用、住宿费、门票费、入场券、设施使用费、摄影费用、购买纪念品和土特产的费用、购买或租借设备费以及停车费和电话费等所有支出的费用）作为森林游憩的经济价值。

3. 替代花费法

替代花费法是指通过替代品的市场和价格来估算某些环境效益或服务的价值，它是以使用技术手段获得与生态功能相同的结果所需的生产费用为依据。例如，为获得与一片森林所产生的相同数量的氧气而建立制氧厂所需的费用；为获得因水土流失而丧失的 N、P、K 等养分而生产等量化肥的费用。但是有些生态系统的服务功能，如森林的美学价值和土壤结构及微量元素等无法用技术手段代替，因此这种方法有一定的局限性，难以准确计量。

4. 旅行费用法

旅行费用法起源于如何评价消费者从其所利用的生态系统中获得的效益，又叫费用支出法或游憩费用法，在 20 世纪 50—60 年代提出并完善，在 20 世纪 80 年代后日益盛行并广泛用于评价各种野外游憩活动的利用价值。旅行费用法是通过往返交通费、门票费、餐饮费、住宿费、设施运作费、摄影费、购买纪念品和土特产的费用、购买或租借设备费以及停车费和电话费等旅行费用资料确定某项生态系统服务的消费者剩余，并以此来估算该项生态系统服务的价值。旅行费用法是发达国家最流行的游憩价值评价的标准方法，也是估算生态旅游价值的方法之一。由于生态系统服务同一般的商品不同，它没有明确的价格，消费者在进行生态系统服务消费时，往往不需要花钱，或者只支付少量的入场费，而仅凭入场费很难反映出生态系统服务的价值。尽管生态系统服务接近于免费供应，但在进行消费时仍然要付出代价，主要表现在消费生态系统服务时要花往返交通费、时间费用及其他有关费用。

5. 条件价值法

条件价值法是一种模拟市场技术方法，其核心是直接调查咨询人们对生态服务功能的支付意愿，并以支付意愿和净支付意愿来表达生态服务功能的经济价值，也称调查法和假设评价法。在实际研究中，从消费者的角度出发，在一系列假设问题下，通过调查、问卷、投标等方式来获得消费者的支付意愿和净支付意愿，综合所有消费者的支付意愿和净支付意愿来估计生态系统服务功能的经济价值。条件价值法是生态系统服务功能价值评估中应用较为广泛的一种评估方法，它适用于缺乏实际市场和替代市场交换商品的价值评估，是"公共商品"价值评估的一种特有的重要方法，它能评价各种生态系统服务功能的经济价值，包括直接利用价值、间接利用价值、存在价值和选择价值。

四、生态环境影响评价

(一) 生态环境影响评价的含义和意义

1. 生态环境影响评价的目的

对科学预测的生态环境影响进行评价的目的主要有以下三个:

第一,评价影响的性质和影响程度、影响的显著性,以决定行为。

第二,评价生态影响的敏感性和主要受影响的保护目标,以决定保护的优先性。

第三,评价资源和社会价值的得失,以决定取舍。

2. 生态环境影响评价的指标

对科学预测的生态环境影响进行评价时,可采用下述指标和基准:

(1) 生态学评估指标与基准

在生态学评估中,避免物种濒危和灭绝是一条基本原则,相应的可形成灭绝风险、种群活力、最小可存活种群、有效种群、最小生境区 (面积) 等评估指标和技术,也可评估出最重要生境区、最重要生态系统等以及需要优先保护的生态系统、生境和生物种群。生态学评估是一种客观科学的评估,是从生态学角度判断所发生的影响可否为生态所接受,能够反映影响的真实性,也是最重要的评估指标。

(2) 可持续发展评估指标与基准

这是从可持续发展战略来判断所发生的影响是否为战略所接受,或是否影响区域或流域的可持续发展。在可持续发展战略中,谋求经济与社会、环境、生态的协调 (不使任何一个方面遭受不可挽回的严重损失),谋求社会公平,谋求长期稳定和代际的利益平衡 (不损害后代的生存与发展权益) 等都是基本原则。与之相应的评估资源的可持续利用性生态的可持续性等,都是重要的评估基准。

(3) 以环境保护法规和资源保护法规作为评估基准

环境保护法规有世界级、国家级和区域级之分。依据法律和规划进行评估,注意法定的保护目标和保护级别、法规禁止的行为和活动、法律规定的重要界限等。

(4) 以经济价值损益和得失作为评估指标和标准

经济学评估不仅评估价值大小与得失,还有经济重要度评价问题,如稀缺性、唯一性以及基本生存资源等,都具有较高的重要价值。

(5) 社会文化评估基准

以社会文化价值和公众可接受程度为基本依据。社会公众关注程度、敏感人群特殊要求、社会损益的公平性等，都是社会影响评估中应特别注意的。文化影响评估则以历史性、文化价值、稀缺性和可否替代等以及法定保护级别为依据进行评估。

3. 生态环境影响评价的含义

美国的生态环境影响评价以自然生态系统作为评价对象，主要研究人类活动对物种和生境的影响，称为"生物环境影响评价"。

《环境影响评价技术导则——非污染生态影响》中的定义为"通过定量揭示和预测人类活动对生态影响及其对人类健康和经济发展作用分析确定一个地区的生态负荷或环境容量"。目前生态环境影响评价分为两大类：一是评价的开发活动对自然生态系统结构和功能的影响；二是预测开发活动对经济、社会、环境所造成的影响。生态环境影响评价是生态系统受到外来作用时所发生的响应与变化，科学地分析和预估这种响应和变化的趋势称为影响预测，对这种预测的结果进行显著性分析、人为地判别可否接受的过程称为影响评价。它包括生态环境现状调查与评价、生态环境影响预测与评价以及对其保护措施进行经济技术论证。

生态环境影响常常是一个从量变到质变的过程，即生态系统在某种外力作用下，其变化不为人们所觉察与认识或不显著，当这种变化达到一定程度时，显示出累积性影响的特点。生态环境影响也常具有区域性或流域性特点，即某地发生的生态恶化会殃及其他地区。由于影响面大，许多此类影响也具有战略性影响性质。生态环境影响又是高度相关和综合性的，与生态因子之间的复杂联系密切相关。此外，生态环境动态与自然资源的开发利用息息相关，所以，生态环境影响不仅涉及自然问题，还常常涉及社会和经济问题。

4. 生态环境影响评价的意义

生态环境影响评价的内涵，体现了人类开发建设活动对生态环境影响的综合分析和预测，对于人类随着生态经济学、环境和自然资源经济学的发展，生态环境影响评价对于人与自然和谐共处起着不可低估的作用。生态环境影响评价的意义如下：

（1）保护生态系统整体性

生态系统具有地域连续和结构完整性，在进行环境影响评价时，注重生态系统因子之间的相互关系和整体性分析。

（2）保护敏感目标

敏感保护目标包括一切重要的、值得保护或需要保护的目标，其中最主要的是法规已明确其保护地位的目标，如须特殊保护地区、生态敏感与脆弱区、社会关注区以及一些环境质量已达不到环境功能区划要求的地区。开发建设项目占地及周边涉及敏感目标，通过生态环境影响评价，注重生态环境问题的阐明，提出解决和保护这些敏感目标的途径。

（3）保护生物多样性

生态系统不仅为各种物种的生存繁殖提供场所，还为生物进化和生物多样性的产生提供基本条件。多种多样的生态系统为不同种群提供了不同的生存场所，从而保证了丰富的遗传基因信息。生物多样性产生的人类文化多样性，具有巨大的社会价值，是自然生产和许多生态服务功能的源泉和基础，是人类文明重要的组成部分。对生物多样性影响评价的原则，包括拟议项目将会影响的生态系统的类别，有无特别值得关注的荒地，具有国家或国际重要意义的自然景区，生态系统的特征是什么，确定拟议项目对生态系统的冲击，估计损失的生态系统的总面积，估计生态累积效应和趋势等。

（4）保护生存性资源

生存性资源是人类生存和发展所依赖的基本物质基础，也是保障区域可持续发展的先决条件，在生态环境影响评价过程中要注重对生存性资源的保护。当一些重要资源，如水资源、土地资源、景观等受影响或遭受破坏时，必须进行必要的恢复，恢复植被尤其重要。对不良景观而又不可改造者，可采取避让、遮掩等方法处理。

（二）生态环境影响评价方法

生态系统评价方法大致可分两种：一种是生态系统质量的评价方法，主要考虑的是生态系统属性的信息，较少考虑其他方面的意义；另一种是从社会-经济的观点评价生态系统，估计人类社会经济对自然环境的影响，评价人类社会经济活动所引起的生态系统结构、功能的改变及其改变程度，提出保护生态系统和补救生态系统损失的措施。

目前，生态环境评价方法正处于研究和探索阶段，大部分评价采用定性描述和定量分析相结合的方法进行。生态环境现状评价方法见《环境影响评价技术导则——非污染生态影响》推荐的方法，如图形叠置法、生态机理分析法、类比法等多种方法。

1. 图形叠置法

图形叠置法又称生态图法，就是把两个或更多的环境特征重叠地表示在同一张图上，构成一份复合图，用以在开发行为影响所及的范围内，指明被影响的环境特性及影响的相对大小。目前被用于公路或铁路选线、滩涂开发、水库建设、土地利用等方面的评价工作。该方法使用简便、预测结果直观、易被人理解，但这种方法不能做预测时间上的延续和精确的定量评价，且需要大量的资料、经费和人力。因此，与计算机作图地理信息系统等技术相结合使用，其应用范围会更广泛，效果也将大大提高。

2. 生态机理分析法

根据动植物及其生态条件分析，预测开发项目对动植物个体、种群、群落的影响。例如，调查动植物分布特点、结构特征变化，识别有无珍稀濒危物种及重要经济、历史、观赏和科研价值的物种，预测新建工程后区内动植物生长环境的变化。可根据实际情况，综合运用生物模拟试验、生物数学模拟、计算机模拟生境技术等。

3. 类比法

类比法就是通过既有开发工程及其已显现的环境影响后果的调查结果来近似地分析说明拟建工程可能产生的环境影响。类比分析一般不会对两项工程做全方位的比较分析，而是针对某一个或某一类问题进行类比调查分析，考虑选择合适的类比对象，同时还应考虑类比对象对相应类比分析问题的有效性和深入性。因此，根据已建成的，其环境影响已基本趋于稳定的建设项目对植物、动物或生态系统产生的影响，预测拟建项目的生态环境效应。该方法选中的类比项目，要求项目的工程特征、地理地质环境、气候因素、动植物背景等方面都与拟建项目相似时，可采取此方法。在类比调查项目植被现状时，包括个体、种群和群落变化和动植物分布及生态功能的变化情况等。由于生态环境影响具有渐进性（量变到质变）、累积性、复杂性和综合性的特点，使得许多生态环境影响的因果关系错综复杂，通过类比调查分析既有工程已经发生的环境影响，并类比分析拟建工程的环境影响，现已成为一种十分重要的影响预测与评价方法。

4. 列表清单法

该方法是对将要实施的开发活动和可能受影响的环境因子分别列于同一张表格的列与行，用不同符号判定每项开发活动对应的环境因子的相对影响大小。该方法是一种定性方法且使用方便，但不能对环境影响程度进行定量评价。

5. 质量指标法

质量指标法是通过对环境因子性质及变化规律的研究，建立起评价函数曲线，通过评价函数曲线将这些环境因子的现状值与预测值转换为统一的无量纲的环境质量指标，用0~1表示。由此计算项目建设前后各因子环境质量质变的变化值，最后根据各因子的重要性赋予权重，再将各因子的变化值综合起来得出项目对生态环境的综合影响。

6. 景观生态学方法

景观生态学方法是通过空间结构分析、功能与稳定性分析对生态环境质量状况进行评判。景观的结构和功能是相当匹配的，景观由拼块、模地和廊道组成。模地是景观的背景地块，是景观中一种可以控制环境质量的组分。模地的判定是空间结构分析的重点，其标准有相对面积大、连通程度高、有动态控制功能。拼块采用生物多样性指数和优势度表征。该方法体现了生态系统结构和功能结合相一致的基本原理，反映出生态环境的整体性。

7. 系统分析法

系统分析法能够妥善地解决多目标动态性问题。在生态系统质量评价中使用系统分析的具体方法有专家咨询法、层次分析法、模糊综合评判法、综合排序法、系统动力学、灰色关联等方法，这些方法原则上都适用于生态环境影响评价。

第七章 环境管理

第一节 环境规划管理的技术支撑

一、环境监测

环境监测是环境管理工作的一个重要组成部分，它通过技术手段测定环境质量因素的代表值以把握环境质量的状况。环境监测相关的概念及相关内容在之前章节已有介绍，这里不再赘述。

二、环境标准

（一）环境标准的基本概念

1. 环境标准的功能

环境标准是一种法规性的技术指标和准则，是环境保护法制系统的一个组成部分。因此，环境标准是国家进行科学的环境管理所遵循的技术基础和准则，它是环保工作的核心和目标。合理的环境标准可以指导经济和环境协调发展，严格执行环境标准可以保护和恢复环境资源价值，维持生态平衡，提高人类生活质量和健康水平，并为制定区域发展负载容量奠定基础。对于某些有价值的环境资源已被污染干扰而致破坏的地区，采用严格的区域排放标准可以逐步改善各种参数，使其逐步达到环境质量标准，并恢复资源价值。

2. 环境标准的分类

根据《中华人民共和国环境保护标准管理办法》，我国的环境标准分三类，即环境质量标准、污染物排放标准以及环境保护基础和方法标准。

（1）环境质量标准

有大气、地面水、海水、噪声、振动、电磁辐射、放射性辐射以及土壤等各个方面的标准。

（2）污染物排放标准

除了污水综合排放标准以及行业的排放标准外，还有烟尘排放标准，同时对噪声、振动、放射性、电磁辐射也都做了防护规定。

（3）环境保护基础和方法标准

是对标准的原则、指南和导则、计算公式、名词、术语、符号等所做的规定，是制定其他环境标准的基础。

随着经济技术的发展和进步，环境保护工作不断深化的需要，出现了越来越多的环境标准，如各种行业排放标准，各种分析、测定方法标准和技术导则，其他还有部级颁发的标准，如国家卫生健康委员会颁发的各种卫生标准和检验方法标准。在区域规划和环评过程中，某些项目没有标准的情况下，允许使用推荐的标准。

3. 环境标准的等级

环境标准分国家环境标准和地方环境标准两级。我国的地方标准是省、自治区、直辖市级的地方标准。基础和方法标准只有国家级标准。

国家标准具有全国范围的共性或针对普遍的和具有深远影响的重要事物，它具有战略性的意义。而地方标准和行业标准带有区域性和行业特殊性，它们是对国家标准的补充和具体化。同时各种方法标准、标准样品标准和仪器设备标准可以作为正确实施标准的保证。

环境标准由各级生态环境部门和有关的资源保护部门负责监督实施。生态环境部设有标准司，负责环境标准的制定、解释、监督和管理。

（二）环境标准的制定

1. 制定环境标准的原则

保障人体健康是制定环境质量标准的首要原则。因此，在制定标准时首先须研究多种污染物浓度对人体、生物、建筑等的影响，制定出环境基准。

制定环境标准，要综合考虑社会、经济、环境三方面效益的统一。具体来说就是既要考虑治理污染的投入，又要考虑治理污染可能减少的经济损失，还要考虑环境的承载能力和社会的承受力。

制定环境标准，要综合考虑各种类型的资源管理、各地的区域经济发展规划和环境规划的要求和目标，贯彻高功能区用高标准保护，低功能区用低标准保护的原则。

制定环境标准，要和国内其他标准和规定相协调，还要和国际上的有关协定和规定相协调。

2. 制定环境标准的基础

与生态环境和人类健康有关的各种学科基准值；环境质量的目前状况、污染物的背景值和长期的环境规划目标；当前国内外各种污染物处理技术水平；国家的财力水平和社会承受能力，污染物处理成本和污染造成的资源经济损失等；国际上有关环境的协定和规定，其他国家的基准/标准值，国内其他部门的环境标准（如卫生标准、劳保规定）。

3. 环境质量标准的制定原理

环境质量标准是从多学科、多基准出发，研究社会的、经济的、技术的和生态的多种效应与环境污染物剂量的综合关系而制定的技术法规。

制定环境质量标准的科学依据是环境质量基准。基准值是纯科学数据，它反映的是单一学科所表达的效应与污染物剂量之间的关系。环境标准中最低类别大多与这些基准值有关。将各种基准值综合以后，还须与国内的环境质量现状、污染物负荷情况、社会的经济和技术力量对环境的改善能力、区域功能类别和环境资源价值等加以权衡协调，这样才能将环境质量标准置于合理可行的水平上。

（三）环境标准的应用

环境标准是环境管理工作中的一个重要工具和手段，在环境管理中有众多应用。首先它是表述环境管理目标和衡量环境管理效果的重要标志之一。比如在进行环境现状评价和环境影响评价时，都需要有一个衡量好坏、大小的尺度，从而做出能否允许、是否接受的判断。环境标准就承担了尺度的作用。又如在制订环境规划时，首要的任务就是进行功能分区，并明确各功能区的环境目标，然后才能做下一步的各种规划安排，而各功能区的环境目标也只有用环境标准来表示。再如在制订排污量或排放浓度的分配方案时，也必须在明确了环境目标的前提下才能进行。

还有在制定各种环境保护的法规和管理办法时，也必须以环境标准为准则，才能分清环境事故的责任人与责任大小，做出正确的裁判或评判。

三、环境预测

（一）环境预测的概念

预测是指对研究对象的未来发展做出推测和估计。或者说，预测就是对发展变化事物的未来做出科学的分析。环境预测是根据已掌握的情报资料和监测数据，对未来的环境发展趋势进行的估计和推测，为提出防止环境进一步恶化和改善环境的对策提供依据。它是环境管理的重要依据之一。

由于环境管理的职能是协调各方面的关系，规范各方面的行为，以避免环境问题的发生，或减少环境问题的危害。在这些环境管理活动中，要不断分析形势、了解情况、估计后果，也就是说，都需要预测。这样才能使做出的决策具有正确性，制订的方案具备可达性。

尽管环境状态的变化极其复杂，且带有较大的随机性，但由于它是客观存在的，因而是可以被认识的。特别是我们可以通过调查、监测了解它的过去和现在，抽象出它们的变化规律，因而我们对环境状态的变化可以做出比较正确而且可以越来越正确的估计和预测。

（二）环境预测的方法

根据预测方法的特性分为以下三种：

1. 定性预测方法

泛指经验推断方法、启发式预测方法等。这类方法的共同点主要是依靠预测人员的经验和逻辑推理，而不是靠历史数据进行数值计算。但它又不同于凭主观直觉做出预言的方法，而是充分利用新获取的信息，将集体的意见按照一定的程序集中起来形成的。

属定性预测方法的有特尔菲法、主观概率法、集合意见法、层次分析法、先导指标预测法等。

2. 定量预测方法

定量预测方法主要是依靠历史统计数据，在定性分析的基础上构造数学模型进行预测。按照预测的数学表现形式可分为定值预测和区间预测。这种方法不靠人的主观判断，而是依靠数据，计算结果比定性分析具体和精确得多。

属于定量预测方法的有趋势外推法、回归分析法、投入产出法、模糊推理法、马尔柯夫法等。

3. 综合预测方法

综合预测方法是定性方法与定量方法的综合。也就是说，在定性方法中，也要辅之以必要的数值计算；而在定量方法中，模型的选择、因素的取舍以及预测结果的鉴别等，也都必须以人的主观判断为前提。由于各种预测方法都有它的适用范围和缺点，综合预测法兼有多种方法的长处，因而可以得到较为可靠的预测结果。

四、环境决策

管理是由预测、评价、决策和执行所构成的一个连续过程，而决策是管理的核心组成部分。环境管理同一般管理一样，离不开环境决策。环境决策是决策理论与方法在环境保护领域的具体应用，是环境管理的核心。它具有目标性、主观性、非程序化等特点。因此，对环境决策理论、方法和技术的研究已成为环境管理的重要任务。

（一）环境决策方法分类

1. 按照环境决策问题的条件和后果可分为确定型决策和非确定型决策两种

确定型决策是指影响决策问题的主要因素以及各因素之间的关系是确定的，决策结果也是确定的一类决策问题。

非确定型决策又分风险型决策和不定型决策两种。风险型决策也叫随机型决策，是指在影响决策问题的外界条件出现的概率已知情况下的一类决策问题。在这类问题的决策过程中，存在大量的不可控因素。不定型决策和风险型决策一样，也存在不可控因素，所要处理的问题是在外界情况概率不知的情况下的一类决策问题。与确定型决策相反，非确定型决策结果随决策者的不同而不同。在环境管理中，大量的决策问题都表现为非确定型决策。

2. 按照环境决策问题出现有无规律性可分为程序化决策和非程序化决策

程序化决策也叫重复性决策或常规决策，所要解决的是环境管理中经常出现的问题。对待重复性决策问题，可根据以往的经验规定一套常规的处理办法和程序，使之成为例行状态。非程序化决策也叫一次性决策或非常规决策。有许多环境问题具有很大的偶然性和随机性，所要解决的问题没有充分的经验可以遵循，事先难以确定解决此类环境问题决策的原则和程序。对待非程序化决策问题，不同的决策者会得出不同的决策结果。要运用权变管理思想，具体情况具体分析，针对决策问题所处的客观环境进行随机决策。环境管理中的决策除项目环境管理决策之外，大多数决策都是非程序化决策。

3. 按照环境决策问题所包含的目标数量可分为多目标决策和单目标决策

多目标决策是指一个决策问题中同时存在多个目标，要求同时实现最优值，并且各目标之间往往存在冲突和矛盾的一类决策问题。单目标决策是指一个决策问题中只包含一个目标的一类决策问题。在环境管理中，所面对的决策问题往往是多目标决策问题，例如，中国长江三峡工程的决策问题，要同时考虑到防洪效益、发电效益、淹没损失、工程费用、移民问题、生态保护问题、工程的区域安全问题等七个目标。并且这些目标有的要求最大值，有的要求最小值，目标之间往往存在矛盾和冲突。

4. 按照环境决策信息的精确度可分为定性决策和定量决策

定性决策是以经验判断为主的一类决策，而定量决策是以量化的信息、数据作为判断依据的一类决策。在环境管理实践中，关于环境保护的经济政策、产业政策、资源政策等问题的决策基本上就是一种定性决策，而关于环境标准的制定、总目标的制定等问题的决策就是一种定量决策。

以上关于决策的分类是为了便于读者对决策问题有一个较全面和深刻的了解。与这些决策类型相对应，存在各种不同的决策方法。就一般的管理而言，其决策方法有几十种，许多论著有比较详细的论述。然而，对于环境管理而言，其有效的、常用的决策方法主要包括德尔菲决策法、多阶段决策法、多目标决策法和非确定型决策方法。下面以多目标决策法为例来做简单介绍。

（二）多目标决策法

在解决和处理多目标决策问题时，要遵循"化多为少"的原则。即在满足决策需要的前提下，对问题进行全面分析，尽量减少目标的个数。常用的办法有：一是对各个目标按重要性进行排序，决策时首先考虑重要目标，然后再考虑次要目标，剔除从属性和必要性不大的目标。二是将类似的几个目标合并。三是把次要目标转化为约束条件。四是在各个环境规划与管理目标的函数关系明确的情况下，把几个具有相同度量的目标通过平均加权或构成新函数的办法形成一个综合目标。

当然，哪些目标是重要的，哪些目标是次要的，如何进行转化或合并，不同的决策者会有不同的选择和判断。因此，多目标决策问题含有许多不确定性的因素：从决策的内容来看，多目标决策方法是确定型的决策方法；而从决策的结果来看，多目标决策方法又是非确定型的决策方法。

五、环境统计

（一）统计的概念和内容

统计是收集、整理、分析、研究有关自然、科学技术、生产建设以及各种社会现象等实际情况的数字资料的过程。通常，统计工作的基本过程大致分为三个阶段。

第一阶段是统计调查过程。其基本任务是经过周密的统计设计后，根据统计工作的任务，按照确定的统计指标和指标体系，向社会做系统的调查，取得各种以数字资料为主体的统计资料。为保证统计工作的质量，统计调查必须符合准确性和及时性的要求，这也是衡量环境统计工作质量的重要标志。

第二阶段是统计整理过程。对调查得到的统计资料进行条理化、系统化的分组、汇总和综合，把大量原始的个体资料汇总成可供分析的综合资料，编制各种图表，建立数据库，这就是对统计资料的加工整理过程。统计整理不仅汇总各种总量指标，还要计算各种所需的相对指标、平均指标编制各种统计表，绘制统计图，并要建立与之相适应计算机信息网络的能满足多种用途的数据库，以满足统计资料储存和深层加工利用的需要。

第三阶段是统计分析过程。统计分析过程是在统计整理基础上，根据统计的目的要求，运用各种统计指标和分析方法，采用定性和定量分析相结合，对社会经济现象的本质和规律做出说明，反映这些现象在一定时空条件下的状况和发展变化趋势，达到对这些现象全面深刻的了解。统计分析一般分为综合性分析和专题分析。

（二）环境统计的概念和范围

环境统计是用数字反映并计量人类活动引起的环境变化和环境变化对人类的影响。环境问题的广泛性决定了环境统计对象的广泛性。

由于环境统计是以环境为主要研究对象，因此，它的研究范围涉及人类赖以生产和生活的全部条件，包括影响生态平衡的诸因素及其变化带来的后果。根据环境保护工作的需要，联合国统计司提出环境的构成部分包括：植物、动物、大气、水、土地土壤和人类居住区。环境统计要调查和反映以上各个方面的活动和自然现象及其对环境的影响。

（三）环境统计的分析方法

1. 大量观察法

环境现象是复杂多变的，各单位的特征与其数量表现有不同程度的差异，建立在大量观察基础上的统计结果必然具有较好的代表性。在研究现象的过程中，统计要对总体中的全体或足够多的单位进行调查与观察，并进行综合研究。

2. 综合分析法

综合分析法是指对大量观察所获资料进行整理汇总，计算出各种综合指标（总量指标、相对指标、平均指标、变异指标等），运用多种综合指标来反映总体的一般数量特征，以显示现象在具体的时间、地点及各种条件的综合作用下所表现出的结果。

3. 归纳推断法

所谓归纳是由个别到一般，由事实到概括的推理方法，这种方法是统计研究常用的方法。统计推断可用于总体特征值的估计，也可用于总体某些假设的检验。

（四）环境统计的作用

环境统计是我国国民经济和社会发展统计的重要组织部分，其基本任务包括以下内容：

向各级政府及其环境保护部门提供全国和地区的环境污染和防治、生态破坏与修复，以及环境保护事业发展的统计资料，客观地反映环境状况和环保事业发展变化的现状和趋势，为环境决策和管理提供科学依据。

不断及时、准确地提供反馈信息，检查和监督环境保护计划的执行情况，并及时发现新情况、新问题，以便及时调整计划和采取对策。运用环境统计手段对各级政府及环境保护部门进行环境保护工作方面的评价与考核，如城市环境综合整治定量考核、总量控制考核等，促进环境、经济、社会协调发展。

依法公布国家和地方的环境状况公报和环境统计公报，提供环境统计资料，使社会公众增加对环境状况和环境保护的了解，提高全民环境意识。

系统地积累历年的环境统计资料，建立环境统计数据库，并根据信息需求进行深度开发和分析，为环境决策和管理提供优质的信息咨询服务。

六、环境管理信息系统

（一）环境信息

环境信息是在环境管理工作中应用的经收集、处理而以特定形式存在的环境知识。它们可以数字、字母、图像、音响等多种形式存在。环境信息是环境系统受人类活动等外来影响作用后的反馈，是人类认知环境状况的来源。因此，环境信息是环境管理工作的"侦察兵"和主要依据之一。

环境信息除具有一般信息的基本属性（如事实性、等级性、传输性、扩散性和共享性）以外，还具有下述特征：

1. 时空性

环境信息是对一定时期环境状况的反映。针对某一国家或地区而言，其环境状况是不断变化的。因此，环境信息具有鲜明的时间特征。不同地区，由于其自然条件、经济结构及社会发展水平各异，其环境状况也各不相同，这表明环境信息具有明显的空间特征。抽象地说，环境信息就是一组关于环境状况的四维函数。

2. 综合性

环境信息是对整个环境状况的客观反映。而环境状况是通过多种环境要素反映的，这也就要求环境信息必须具有综合性。

3. 连续性

一般来说，环境状况的改变是一个由量变到质变的过程，因此，环境信息也就必然体现出连续性。

4. 随机性

环境信息的产生与生成都受到自然因素、社会因素及特定环境条件的随机作用，因此，它具有明显的随机性。

（二）环境信息系统分类

环境信息系统是从事环境信息处理工作的部门，是由工作人员、设备（计算机、网络技术、GIS 技术、模型库等软硬件）及环境原始信息等组成的系统。环境信息系统按内容可分为环境管理信息系统（EMIS）、环境决策支持系统（EDSS）两类，下面分别加以介绍。

1. 环境管理信息系统

环境管理信息系统（Environmental Management Information Systems，EMIS）是一个以系统论为指导思想，通过人—机（计算机等）结合收集环境信息，通过模型对环境信息进行转换和加工，并据此进行环境评价、预测和控制，最后再通过计算机等先进技术实现环境管理的计算机模拟系统。

环境管理信息系统（EMIS）的基本功能有：环境信息的收集和录用；环境信息的存储；环境信息的加工处理；以报表、图形等形式输出信息，为决策者提供依据。

2. 环境决策支持系统

环境决策支持系统（Environmental Decision Support Systems，EDSS）是将决策支持系统引入环境规划、管理、决策工作中的产物。决策支持系统也是一种人机交互的信息系统，是从系统观点出发，利用现代计算机存储量大、运算速度快等特点，应用决策理论方法，对定结构化、未定结构化或不定结构化问题进行描述、组织，进而协助人们完成管理决策的支持技术。

EDSS 是环境信息系统的高级形式，是在环境管理信息系统 EMIS 的基础上，使决策者能通过人—机对话，直接应用计算机处理环境管理工作中的未定结构化的决策问题。它为决策者提供了一个现代化的决策辅助工具，并且提高了决策的效率和科学性。

环境决策支持系统的主要功能有：收集、整理、储存并及时提供本系统与本决策有关的各种数据；灵活运用模型与方法对环境信息进行加工、处理、分析、综合、预测、评价，以便提供各种所需环境信息；友好的人机界面和图形输出功能，不仅能提供所需环境信息，而且具有一定推理判断能力；良好的环境信息传输功能；快速的信息加工速度及响应时间；具有特定性分析与定量研究相结合的特定处理问题的方式。

（三）环境管理信息系统的设计与评价

1. 系统的可行性研究

可行性研究是环境管理系统设计的第一阶段。其目标是为整个工作过程提供一套必须遵循的衡量标准：针对客观事实，考虑整体要求，符合开发节奏。

这一标准根据应用的重要性和信息系统可利用的资源而定。可行性研究阶段的任务是确定环境管理信息系统的设计目标和总体要求，研究其设计的需要和可能，进行费用-效益分析，制订出几套设计方案，并对各个方案在技术、经济、运行三方面进行比较分析，得出结论性建议，并编制出可行性研究报告报上级主管部门审查、批准。

2. 系统的分析

系统分析是环境管理信息系统研制的第二阶段。这个阶段的主要目的是解决"干什么"，即明确系统的具体目标、系统的界限以及系统的基本功能。这一阶段的基本任务是设计出系统的逻辑模型。所谓逻辑模型是从抽象的信息处理角度看待组织的信息系统，而不涉及实现这些功能的具体的技术手段及完成这些任务的具体方式。

不论从资金的投入，还是从时间的占用上，系统分析在整个环境管理信息系统的研制中都占很大比例，具有十分重要的地位。这一阶段的主要工作内容包括详细的系统调查，以了解用户的主观要求和客观状态；确定拟开发系统的目标、功能、性能要求及对运行环境、运行软件需求的分析；数据分析；确认测试准则；系统分析报告编制，包括编写可行性研究报告及制订初步项目开发计划等工作。

3. 系统设计

系统设计是环境管理信息系统研制过程的第三阶段。该阶段的主要任务是根据系统分析的逻辑模型提出物理模型。这个阶段是在各种技术手段和处理方法中权衡利弊，选择最合适的方案，解决如何做的问题。

系统设计阶段的主要工作内容包括：系统的分解，功能模块的确定及连接方式的确定，输入设计，输出设计，数据库设计及模块功能说明。在系统设计过程中，应充分考虑该系统是否具备下述性能：能否及时全面地为环境科研及管理提供各种环境信息，能否提供统一格式的环境信息，能否对不同管理层次给出不同要求、不同详细程度的图表、报告，是否充分利用了该系统本身的人力、物力，使开发成本最低。

4. 系统的实施与评价

最后一个阶段就是系统的实施与评价。环境管理信息系统设计完成后就应交付使用，并在运行过程中不断完善，不断升级，因而要对其进行评价。评价一个环境管理信息系统主要应从下述五方面进行：系统运行的效率、系统的工作质量、系统的可靠性、系统的可修改性、系统的可操作性。

（四）环境决策支持系统的设计与评价

1. 制订行动计划

从理论上讲，研制运行计划有三种基本方案。它们分别是快速实现方案、分阶段实现方案和完整的 EDSS 方案。上述三个方案各有所长，它们分别适用于不同区域的环境决策支持系统。

2. 系统分析

该步骤是 EDSS 设计的重要步骤。因为建立 EDSS 的关键在于确定系统的组成要素，划分内生变量，分析各要素间的相互关系，从而才能确定 EDSS 的基本结构和特征。

3. 总体结构设计

（1）用户接口

用户通过它进行系统运行，它以人们习惯方便的方式提供人—机信息交换，菜单、图形、数据库、表格是其主要形式。

（2）信息子系统

包括基础数据文件与文件管理系统。可以用简便的方式提供环境信息及其他与环境决策相关的各类信息。

（3）模型子系统

包括经济、能源、人口、评价与预测模型，水、气、固体废物污染物总量宏观控制模型及污染物时空分布结构模型等。

（4）决策支持子系统

提供系统支持决策的分析与评价的相互关联的功能子模块。

它们是历年统计和监测资料分析、环境现状及影响评价、污染物削减分配决策支持、环境与经济持续发展决策支持。

4. 系统的实施与评价

环境决策支持系统设计完成后，在使用过程中应从以下五方面评价，进而完善该系统：运行效率、工作质量、可靠性、可修改性及可操作性。在使用该系统时，还应切记本系统只是辅助决策，不可能完全代替人的决策思维。

第二节　区域环境管理

开展环境管理要从宏观决策入手，提高可持续发展决策的质量与水平，在宏观决策指导下开展微观的环境管理，这是做好环境保护工作的总体指导思想。环境管理工作的内容十分广泛，就环保管理部门来说，其主要任务是提出环境质量标准，组织协调和监督检查。任何经济社会活动都必须落实在一定的地域空间，因此，环境管理也应建立区域的概念，即区域环境管理，必须确定到一定的区域中，大到全球或一个国家，小到一个市、一个镇。区域环境管理工作的重点是针对某一个区域的环境进行的一系列的环境管理工作。

一、末端控制为基础的环境管理模式

（一）末端控制的环境管理模式

1. 末端控制的定义

末端控制又称末端治理或末端处理，是指在生产过程的终端或者是在废弃物排放到自然界之前，采取一系列措施对其进行物理、化学或生物过程的处理，以减少排放到环境中的废物总量。当前主要的污染控制手段即浓度控制、总量控制都是基于末端控制的。

末端控制是指在生产过程的末端，针对产生的污染物开发并实施有效的治理技术及管理。末端控制模式的环境手段往往是在其制造的最后制造工序或排污口建立各种防治环境污染的设施来处理污染，如建污水处理站，安装除尘、脱硫装置等以"过滤器"为代表的末端控制装置与设备，为固体废弃物配置焚烧炉或修建填埋厂等方式来满足政策与法规对废弃物的排放达到排放标准的要求。这种环境管理模式是以"管道控制污染"思想为核心，强调的是对排放物的末端管理。

20世纪50年代以来，随着制造业的快速发展与技术革新速度的加快，人类所依赖的资源与生产的产品范围得到扩大，人工合成的各种化学物质被不断地生产与制造，引发了严重的环境污染问题；同时制造过程中能源与资源消耗大，排放了大量的废弃物，环境的容纳与循环能力不能承载，造成环境问题日益突出。基于此背景，各国政府制定了一系列的环境污染法律法规、排放标准，对企业进入环境的工业废弃物的最高允许量进行限制，对企业污染和破坏环境的行为进行限制和控制。

随着污染者负担原则的提出，各国法律都规定了企业对其排放污染物的行为必须承担经济责任，凡是污染物的排放量超过了规定的排放标准，都要缴纳超标排污费，造成环境损害的，要承担治理污染的费用并赔偿相应的损失。在这一阶段，面对严厉的法律、法规、标准、政策，企业只能遵循相关的制度约束，以便能够在制度约束的范围内进行经营活动。但采取的污染控制手段并未因此而改变。

2. 末端控制的特点

末端控制的环境管理模式具有线性经济模式的基本特征：是一种由"资源—产品—废弃物排放"单方向流程组成的开环式系统；在对废弃物的处理与污染的控制时，强调的是对企业自身制造过程中废弃物的控制，而对分销过程与消费者使用过程中所产生的废弃物则不予以考虑与控制；其环境管理的目标是通过对制造过程中的废弃物与污染的控制达到规制最低排放标准与最大排放量的要求，规避环境规制所产生的风险。

3. 末端控制的局限性

末端控制在环境管理发展过程中是一个重要的阶段，它有利于消除污染事件，也在一定程度上减缓了生产活动对环境污染和破坏趋势。但随着时间的推移、工业化进程的加速，末端控制的局限性也日益显露，主要表现为如下七方面：

①末端处理技术常常使污染物从一种环境介质转移到另一种环境介质。常用的污染控制技术只解决工艺中产生并受法律约束的第一代污染物，而忽视了废弃物处理中或处理后产生的第二代污染问题。如烟气脱硫、除尘形成大量废渣，废水集中处理产生大量污泥等，所以不能根除污染。

②现行环境保护法规、管理、投资、科技等占支配地位的是单纯污染控制，而没有对面临全球系统的环境威胁提出适当的解决办法。

③环境问题给世界各国包括发达工业国家带来了越来越沉重的经济负担，控制污染问题之复杂、所需资金之巨大远远超出了原先的预料，环境问题的解决远比原来设想的要困难得多。

④"污染控制"的现行法规体系和运行机制，导致部分企业（公司）养成了一种"污染排放后才控制"或"达标排放"的思想心态，成为强化环境管理，广泛实行污染预防的障碍因子。

⑤治理难度大，处理污染的设施投资大，运行费用高，使企业生产成本上升，经济效益下降。

⑥末端控制未涉及资源的有效利用，不能制止自然资源的浪费。

⑦产品在分销与使用过程中产生了大量的废弃物，如日益受到关注的电子垃圾已经对自然环境产生了巨大的环境压力。

自然系统自然降解、吸纳和消除废弃物的能力是有限的。以管道控制为核心的末端控制的环境管理模式不能实现人和自然的和谐发展。所以，要真正解决污染问题，需要实施过程控制，减少污染的产生，从根本上解决环境问题。

（二）污染排放的浓度控制

1. 浓度控制的定义

浓度控制是指以控制污染源排放口排出污染物的浓度为核心的环境管理的方法体系。其核心内容为国家制定环境污染物排放标准，规定企业排放的废气和废水中各种污染物的浓度不得超过国家规定的限值。此外，还有不同行业污染物排放标准和省级污染物排放标准。中国以往的环境管理政策一直是以浓度控制为核心的。至今仍然是中国污染控制的基础与主要方面。例如，中国现行的环境管理制度之一——"排污收费"是依据污染物浓度排放标准来进行收费的，"三同时"和环境影响评价等制度也都以浓度排放标准为主要评价标准。

2. 环境污染物排放标准

国家污染物排放标准是各种环境污染物排放活动应遵循的行为规范，国家污染物排放标准依法制定并具有强制效力。根据有关法律规定，国家污染物排放标准根据国家环境质量标准和国家技术、经济条件制定。

按照我国现行环境保护法律确立的排放标准体系，国家污染物排放标准包括水污染物排放标准、大气污染物排放标准、噪声排放标准、固体废物污染控制标准、放射性和电磁辐射污染防治标准。制定排放标准应符合有关法律、法规的规定并与现行排放标准体系相一致。

当行业排放的污染物存在在水、气介质之间转移的可能时，其排放控制要求可纳入一个排放标准中。对固体废物处理处置过程中产生的水污染物和大气污染物的排放控制要求属于排放标准范畴，但可纳入固体废物污染控制标准中。应根据行业生产工艺和产品的特点，科学、合理地设置行业型排放标准体系。行业型排放标准体系设置应反映行业的实际情况，适应环境监督执法和管理工作的需要。行业型污染物排放标准体系应完整、协调，各排放标准的适用范围应明确、清晰，行业型排放标准的设置要以能覆盖行业各种污染源、完整控制行业污染物排放为目的。行业型污染物排放标准原则上按生产工艺的特点设置，确定排放标准的合理适用范围，应全面考虑本标准与相关排放标准的关系，避免适用范围的重叠，要严格控制行业型排放标准的数量。

（三）环境污染总量控制

1. 总量控制的定义

总量控制是污染物排放总量控制的简称，它将某一控制区域作为一个完整的系统，采取措施将排入这一区域内的污染物总量控制在一定数量之内，以满足该区域的环境质量要求。

污染物总量控制是以环境质量目标为基本依据，对区域内各污染源的污染物的排放总量实施控制的管理制度。在实施总量控制时，污染物的排放总量应小于或等于允许排放总量。区域的允许排污量应当等于该区域环境允许的纳污量。环境允许纳污量则由环境允许负荷量和环境自净容量确定。污染物总量控制管理比排放浓度控制管理具有较明显的优点，它与实际的环境质量目标相联系，在排污量的控制上宽、严适度；由于执行污染物总量控制，可避免浓度控制所引起的不合理稀释排放废水、浪费水资源等问题，有利于区域水污染控制费用的最小化。

2. 总量控制的类型

总量控制的真正意义是负荷分配，即根据排污地点、数量和方式对各控制区域不均等地分配环境容量资源。对于总量控制，通常的提法有"目标总量控制"和"容量总量控制"，还有"行业总量控制"。具体又有国家总量控制计划、省级总量控制计划、城市总量控制计划和企业总量控制计划等。总量控制包含三个方面的内容，一是排放污染物的总重量；二是排放污染物总量的地域范围；三是排放污染物的时间跨度。因此，总量控制是指以控制一定时段内一定区域中排污单位排放污染物的总重量为核心的环境管理方法体系。这里的时段可以是 10 年、5 年、1 年、1 季或者 1 月；区域可以是全国、大区域流域、省，也可以是城市或城市内划定的区域。但一般为地理上的连续区域。

（1）目标总量控制

以排放限制为控制基点，从污染源可控性研究入手，进行总量控制负荷分配。目标总量控制的优点是：不需要过高的技术和复杂的研究过程，资金投入少；能充分利用现有的污染排放数据和环境状况数据；控制目标易确定，可节省决策过程的交易成本；可以充分利用现有的政策和法规，容易获得各级政府支持。但目标总量控制在污染物排放量与环境质量未建立明确的响应关系前，不能明确污染物排放对环境造成的损害及其对人体的损害和带来的经济损失。所以，目标总量控制的"目标"实际上是不准确的，这意味着目标总量控制法的整体失效。

（2）容量总量控制

以环境质量标准为控制基点，从污染源可控性、环境目标可达性两方面进行总量控制负荷分配。容量总量控制是环境容量所允许的污染物排放总量控制，它从环境质量要求出发，在充分考虑环境自净能力的基础上，运用环境容量理论和环境质量模型，计算环境允许的纳污量，并据此确定污染物的允许排放量；通过技术经济可行性分析、优化分配污染负荷，确定出切实可行的总量控制方案。总量控制目标的真正实现必须以环境容量为依据，充分考虑污染物排放与环境质量目标间的输入响应关系，这也是容量总量控制的优点——将污染源的控制水平与环境质量直接联系。

（3）行业总量控制

以能源、资源合理利用为控制基点，从最佳生产工艺和实用处理技术两方面进行总量控制负荷分配。

这里所说的总量控制更注重环境质量与排放量之间的科学关系，个别污染源的削减与环境质量的科学关系，缺乏政策方面的考虑。其着眼点是技术性的规划，而不是管理的政策。为便于区别，可称为总量控制规划。

我国目前的总量控制规划主要采用目标总量控制，同时辅以部分的容量总量控制。具体来说，一方面，在宏观层面，即全国范围实施目标总量控制（如"九五"期间实行的总量控制就是以 1995 年全国主要污染物的排放量作为计划控制指标），从国家一级下达到各省、自治区、直辖市，各省、自治区、直辖市再将指标分解后下达到辖区的地、市，最后各地、市根据省、自治区、直辖市下达的总量控制指标，按照污染物来源，核定分配污染源总量控制指标；另一方面，针对某些区域，如"三河""三湖""两区"和 47 个环境保护重点城市的空气、地面水环境功能区，实施容量总量控制。

随着环境管理的加强和水平的提高，我国的总量控制指标制定应该从目标总量控制向容量总量控制转变。

3. 总量控制的基本原则

一般来说，实施总量控制应遵循以下基本原则：

（1）服从总目标，略留余地的原则

服从全国下达的总目标，做好污染物测算工作，在总量指标分解时要略留余地。

（2）分级管理的原则

环境质量的改善是各级政府及所属有关部门的职责，总量控制工作必须依靠各级政府及其所属有关责任部门。因此，总量控制要按照地区和行业进行分解，做到各负其责，同时也作为考核各级政府和有关部门工作的指标。

（3）等权分配和区别对待的原则

根据城市经济社会发展规划和环境保护规划的规定，对城市不同的区域要考虑区域经济发展和污染状况，对总量分配采取区别对待的原则，各行业之间采取等权分配的原则。

（4）突出重点的原则

对于重点污染企业、行业和地区要按照相应的扩散模型计算允许排放总量，颁发排污许可证；对其他污染较小的企业可按照浓度达标的简易方法计算。

（5）总量控制要服从于区域环境质量的原则

凡是区域的环境质量指标超标严重的，不允许再上一般的生产项目；对于那些污染严重、能源资源浪费大、治理难度大、产业结构不合理的企业下决心进行调整。

（6）以排污申报为基础的原则

将总量分配到污染源的过程中，要利用排污申报登记的数据作为总量分配的基础数据。

4. 总量控制政策的效果分析

作为一项新出台的环境政策，总量控制还有着不同于以往环境政策的更深一层的含义，即旨在通过影响经济增长方式来控制污染。

（1）促进地区经济、社会协调发展

总量控制更通了纳入经济、社会发展的综合决策之中。城市的不同功能区域对于污染的限制不同，将促使污染的工业从城市迁出或转产，使得城市土地得到更合理的利用。总量控制将是企业选址及经营的重要依据之一。城市布局的合理化将为新产业的发展提供机遇。

（2）提高政府的环境管理水平

总量控制将使环保目标更加明确和更具有可操作性，不仅使上级政府的要求更加明确，也使地方政府对排污单位的要求更加明确。总量控制对排污申报、排污许可证制度都提出了较高的要求，对环境影响评价、环境规划、环境监测（包括环境质量监测和污染源监测）也提出了较高的要求，这无疑将促进这些方面技术的发展。实施总量控制也将促进管理人员素质的提高。

（3）提高污染防治的费用效果

总量控制为排污单位污染防治提供了较大的选择空间，使排污单位有较多的机会选择污染防治方案。从治理达标、部分治理到购买排污权，这使得降低治理成本的机会大大增加。一般来说，污染物边际削减费用较低的污染源会优先治理。

（4）促进企业技术进步

总量控制指标逐步变严，例如每年实现 5% 的削减量要求，或者是总量控制指标的有偿转让等，都会刺激企业推进技术进步、选用清洁生产工艺，以降低污染控制成本。

（5）为新企业的发展提供机遇

总量控制为企业的扩建和新企业的进入提供了机会。例如，企业通过污染治理或技术进步超额削减的排放量的补偿或交易等，都给企业扩建和新企业的进入提供了发展机会。

二、污染预防为基础的环境管理模式

（一）污染预防型的环境管理模式

1. 污染预防的定义

减少污染废物及防止污染的策略，称为污染预防。因此，可以将污染预防定义为：在人类活动各种过程中，如材料、产品的制造、使用过程以及服务过程中，采取消除或减少污染控制措施，它包括不用或少用有害物质，采用无污染或少污染制造技术与工艺等，以达到尽可能消除或减少各种（生产、使用）过程产生的废物，最大限度地节约和有效利用能源和资源，减少对环境的污染。

污染预防是在可能的最大限度内减少生产场地产生的全部废物量。它包括通过源削减，提高能源效率，在生产中重复使用投入的原料以及降低水消耗量来合理利用资源。污染预防型的环境管理模式是当今环境管理战略上的一次重大转变。

ISO 14001 标准中对"污染预防"的定义为：旨在避免、减少控制污染而对各种过程、惯例、材料或产品的采用，可包括再循环、处理、过程更改、控制机制、资源的有效利用和材料替代等。污染预防是环境管理体系承诺的内容之一，是组织处理和解决环境问题的基本原则，与我国解决环境问题的基本原则（预防为主，防治结合）也是一致的。污染预防是指为了避免、减少或控制环境污染而对各种方法、手段和措施的运用。按照优先度可以将其分为三个层次的污染预防方式。

高优先度：避免污染的产生。进行源头控制，采取无污工艺，采用清洁的能源和原辅材料来组织生产活动，避免污染物质的产生。

中优先度：减少污染的产生。进行过程控制，组织可通过对产品的生命周期的全过程进行控制，实施清洁生产，采用先进工艺和设备提高能源和资源利用率，实现闭路循环等，尽可能减少每一环节污染物质的排放。

低优先度：控制污染对环境的不利影响。通过采用污染治理设施对产生的污染物质进行末端治理，尽量减少其对环境的不利影响。

组织在开展污染预防工作时应按上述优先级的原则来选择采用污染预防措施（因为一般而言，优先度越高，污染控制的费用越低，且效果越好，从而其控制污染的效率就越高）。采用一种方式方法往往不能达到污染预防的目的，组织应结合自己的情况，综合采用源头控制、过程控制和末端治理来开展污染预防工作。

一个依照 ISO 14001 标准来建立和保持环境管理体系的组织必须在其制定的环境方针中承诺污染预防；且要求为了实现环境方针的环境目标和指标应符合环境方针的要求，也应包括对污染预防的承诺。环境方针是组织在环境保护方面的总宗旨和总目标，是组织环境保护工作努力的方向和行动的指南，是组织在长期或较长时期内应遵循的行动准则和在环境保护方面的追求。组织所有的环境管理活动都应符合环境方针的要求，其最终目的都是实现环境方针，从而实现组织的环境表现持续改进。因此，组织环境方针中关于污染预防的承诺必须体现在其所开展的环境管理活动中。

2. 污染防治环境管理的内容

（1）源削减

源削减包括减少在回收利用、处理或处置以前进入废物流或环境中的有害物质、污染物的数量的活动，以及减少这些有害物质、污染物的排放对公众健康和环境危害的活动。明确指出污染排放后的回收利用、处理、处置不是源削减，使污染预防更显示其与过去的污染控制有截然的不同。

源头控制是针对末端控制而提出的一项控制方式，是指在"源头"削减或消除污染物，即尽量减少污染物的产生量，实施源削减。源削减是在进行再生利用、处理和处置以前，减少任何废物流入或释放到环境中（包括短期排放物）的任何有害物质、污染物的数量；减少与这些有害物质、污染物相关的对公众健康与环境的危害。其内容包括设备或技术改造，工艺或程序改革，产品的重新配制或重新设计，原料替代，以及改进内务管理、维修、培训或库存控制。源削减不会带来任何形式的废物管理（例如，再生利用和处理）。

为了实施源削减计划，美国采取了包括信息交换站、研究与开发、提供技术帮助、法规说明、提供现场技术帮助、对工业提供财政援助、对地方政府提供财政援助、废物交换废物审计、举办研讨班和学习班、召开专业会议、调查和评价、出版简讯和刊物、审查预防计划、与学术界合作，促进污染预防、奖励计划等内容的污染预防计划。

（2）废物减量化

废物减量化（也称为废物最少化），指将产生的或随后处理、贮存或处置的有害废物量减少到可行的最低限度。其结果减少了有害废物的总体积或数量，或者减少了有害废物的毒性，这种减少与将有害废物对人体健康和环境目前及将来的威胁减少到最低限度的目标相一致。废物减量化包括源削减、重复利用和再生回收，以及由产生者减少有害物的体积和毒性，如削减废物产生的活动及废物产生后进行回收利用与减少废物体积和毒性的处理、处置，但不包括用来回收能源的废物处置和焚烧处理。"减量化"不一定要鼓励削减废物的生产量和废物本身的毒性，而仅要求减少要处置的废物的体积和毒性。

废物减量化与末端治理相比，有明显的优越性，如据化工、轻工、纺织等 15 个企业投资与削减量效益比较，废物减量化比末端治理，万元环境投资削减污染物负荷高三倍多。但由于废物的处理和回收利用，仍有可能造成对健康、安全和环境的危害，因而废物减量化往往是废物管理措施的改进，而不是消除它们。所以"废物减量化"仍然是一个与排放后的有害废物处理息息相关的术语，其实效性如同末端治理，仍有很大的局限性。

（3）循环经济

循环经济理念的产生和发展，是人类对人与自然关系深刻认识和反思的结果，也是人类在社会经济高速发展中陷入资源危机、环境危机、生存危机深刻反省自身发展模式的产物。客观的物质世界，是处在周而复始的循环运动之中，物质循环是推行一种与自然和谐发展、与新型工业化道路要求相适应的一种新的生产方式和生态经济的基本功能。物质循环和能量流动是自然生态系统和经济社会系统的两大基本功能，处于不断的转换中。循环经济则要求遵循生态规律和经济规律，合理利用自然资源与优化环境，在物质不断循环利用的基础上发展经济，使生态经济原则体现在不同层次的循环经济形式上。

循环经济本质上是一种生态经济，就是把清洁生产和废弃物的综合利用融为一体的经济，它要求运用生态学规律来指导人类社会的经济活动。按照自然生态系统物质循环和能量流动规律重构经济系统，使得经济系统和谐地纳入类似于自然生态系统的物质循环过程中，建立起一种新的经济形态。

（二）组织层面的环境管理

从管理职能角度出发，"组织"一词具有双重意义：一是名词意义上的组织，主要指组织形态；二是动词意义上的组织，系指组织各项管理活动。本任务所讨论的组织层面，则包含了这两方面的内容。作为组织层面环境管理的一项重要内容，清洁生产在工业污染从传统的末端治理转向污染预防为主的生产全过程控制中扮演了极其重要的角色。

1. 环境绩效评估

环境绩效是指一个组织基于其环境方针、目标、指标，控制其环境因素所取得的可测量的环境管理体系成效。环境绩效评估是由独立的考核机构或考核人员，对被考核单位或项目的环境管理活动进行综合的、系统的审查、分析，并按照一定的标准评定环境管理活动的现状和潜力，对提高环境管理绩效提出建议，促进其改善环境管理、提高环境管理绩效的一种评估活动。

环境绩效评估的目标包括根本目标、具体目标和分项目标三个层次。改善环境管理，实现可持续发展是环境绩效评估的根本目标。具体目标可以概括为对环境管理各步骤的绩效情况进行考核评价，找出影响环境管理绩效的消极因素，提出建设性的考核意见，从而促使环境管理工作的高效进行。根据具体内容的不同，进一步地可以将具体目标分解为四类分项目标：评价环境法规政策的科学性和合理性，帮助法规政策制定部门制定更加科学合理的环境法规与制度；评价环境管理机构的设置和工作效率，揭示其影响工作效率的消极因素，提出改进建议；评价环境规划的科学性和合理性，有助于制订更加科学合理的环境规划；评价环境投资项目的经济性、效率性和效果性，为改善环境投资提出建设性意见。

环境绩效评估是一种用于内部管理的程序和工具，被设计用来提供管理阶层的一种可靠和可验明的资讯，以决定组织环境绩效是否符合组织管理阶层所设定的基准。正在施行环境管理的组织应就其环境政策、目标来设定环境绩效指标，再以其绩效基准来评估其环境绩效。环境绩效评估的内容主要包括规划环境行为评估、选择评估指标、数据收集及转换和报告沟通、审查和改进评估程序。

2. 循环经济

循环经济要求运用生态学规律而不是机械论规律来指导人类社会的经济活动。与传统经济相比，循环经济的不同之处在于：传统经济是一种由"资源—产品—污染排放"单向流动的线性经济，其特征是高开采、低利用、高排放。在这种经济中，人们高强度地把地球上的物质和能源提取出来，然后又把污染和废物大量地排放到水系、空气和土壤中，对资源的利用是粗放的和一次性的，通过把资源持续不断地变成废物来实现经济的数量型增长。与之不同，循环经济倡导的是一种与环境和谐的经济发展模式。它要求把经济活动组织成一个"资源—产品—再生资源"的反馈式流程，其特征是低开采、高利用、低排放。所有的物质和能源要能在这个不断进行的经济循环中得到合理和持久的利用，以把经济活动对自然环境的影响降低到尽可能小的程度。

循环经济是一种以资源高效利用和循环利用为核心，以"三R"为原则（减量化 Reduce、再使用 Reuse、再循环 Recycle），以低消耗、低排放、高效率为基本特征，以生态产业链为发展载体，以清洁生产为重要手段，达到实现物质资源的有效利用和经济与生态的可持续发展。循环经济与生态经济既有紧密联系，又各有特点。从本质上讲循环经济就是生态经济，就是运用生态经济规律来指导经济活动，也可称是一种绿色经济，"点绿成金"的经济。它要求把经济活动组成为"资源利用—绿色工业（产品）—资源再生"的闭环式物质流动，所有的物质和能源在经济循环中得到合理的利用。循环经济所指的"资源"不仅是自然资源，而且包括再生资源；所指的"能源"不仅是一般能源，如煤，石油、天然气等，而且包括太阳能、风能、潮汐能、地热能等绿色能源。注重推进资源、能源节约，资源综合利用和推行清洁生产，以便把经济活动对自然环境的影响降低到尽可能小的程度。

循环经济在发展理念上就是要改变重开发、轻节约，片面追求 GDP 增长，重速度、轻效益，重外延扩张、轻内涵提高的传统的经济发展模式。把传统的依赖资源消耗的线形增长的经济，转变为依靠生态型资源循环来发展的经济。既是一种新的经济增长方式，也是一种新的污染治理模式，同时又是经济发展、资源节约与环境保护的一体化战略。循环经济与生态经济推行的主要理念如下：

（1）新的系统观

循环经济与生态经济都是由人、自然资源和科学技术等要素构成的大系统。要求人类在考虑生产和消费时不能把自身置于这个大系统之外，而是将自己作为这个大系统的一部分来研究符合客观规律的经济原则。要从自然-经济大系统出发，对物质转化的全过程采取战略性、综合性、预防性措施，降低经济活动对资源环境的过度使用及对人类所造成的负面影响，使人类经济社会的循环与自然循环更好地融合起来，实现区域物质流、能量流、资金流的系统优化配置。

（2）新的经济观

就是用生态学和生态经济学规律来指导生产活动。经济活动要在生态可承受范围内进行，超过资源承载能力的循环是恶性循环，会造成生态系统退化。只有在资源承载能力之内的良性循环，才能使生态系统平衡地发展。循环经济是用先进生产技术、替代技术、减量技术和共生链接技术以及废旧资源利用技术、"零排放"技术等支撑的经济，不是传统的低水平物质循环利用方式下的经济。要求在建立循环经济的支撑技术体系上下功夫。

（3）新的价值观

在考虑自然资源时，不仅视为可利用的资源，而且是须要维持良性循环的生态系统；在考虑科学技术时，不仅考虑其对自然的开发能力，而且要充分考虑到它对生态系统的维系和修复能力，使之成为有利于环境的技术；在考虑人自身发展时，不仅考虑人对自然的改造能力，而且更重视人与自然和谐相处的能力，促进人的全面发展。

（4）新的生产观

就是要从循环意义上发展经济，按清洁生产、环保要求从事生产。它的生产观念是要充分考虑自然生态系统的承载能力，尽可能地节约自然资源，不断提高自然资源的利用效率。并且是从生产的源头和全过程充分利用资源，使每个企业在生产过程中少投入、少排放、高利用，达到废物最小化、资源化、无害化。上游企业的废物成为下游企业的原料，实现区域或企业群的资源最有效利用。并且用生态链条把工业与农业、生产与消费、城区与郊区、行业与行业有机结合起来，实现可持续生产和消费，逐步建成循环型社会。

（5）新的消费观

提倡绿色消费，也就是物质的适度消费、层次消费，是一种与自然生态相平衡的、节约型的低消耗物质资料、产品、劳务和注重保健、环保的消费模式。在日常生活中，鼓励多次性、耐用性消费，减少一次性消费。而且是一种对环境不构成破坏或威胁的持续消费方式和消费习惯。在消费的同时还考虑到废弃物的资源化，建立循环生产和消费的观念。

3. 清洁生产

清洁生产是要从根本上解决工业污染的问题，即在污染前采取防止对策，而不是在污染后采取措施治理，将污染物消除在生产过程之中，实行工业生产全过程控制。一些国家在转变传统的生产发展模式和污染控制战略时，曾采用了不同的提法，如废物最少量化、无废少废工艺、清洁工艺、污染预防等。但是这些概念不能包容上述多重含义，尤其不能确切表达当代融环境污染防治于生产可持续发展的新战略。为此，联合国环境规划署与环境规划中心（UNEPIE/PAC）综合各种说法，采用了"清洁生产"这一术语，来表征从原料、生产工艺到产品使用全过程的广义的污染防治途径，给出了以下定义：清洁生产是指将综合预防的环境保护策略持续应用于生产过程和产品中，以期减少对人类和环境的风险。

清洁生产是一种创造性的思想，该思想将整体预防的环境战略持续应用于生产过程、产品和服务中，以增加生态效率和减少人类及环境的风险。清洁生产的途径如下：用低污染、无污染的原料替代有毒有害原料；用清洁高效的生产工艺，使物耗能耗高效率地转化为产品。在使用过程中减少有害环境的废物排出，对生产过程中排放的废物和能源，实行再利用。向社会提供清洁商品，在使用过程中对人体和环境不产生污染危害或将有害影响减少到最低限度。在商品使用寿命终结后，能够便于回收利用，不对环境造成污染或潜在威胁。完善企业管理，有保障清洁生产的规章制度和操作规程，并监督其实施。

清洁生产是一种新的环保战略，也是一种全新的思维方式。推行清洁生产是社会经济发展的必然趋势，现阶段必须对清洁生产有明确的认识。参考国外实践，我国现阶段清洁生产的推动方式，要以行业中环境绩效、经济效益和技术水平真正好的企业为龙头，由他们对其他企业产生直接影响，带动其他企业开展清洁生产。推进清洁生产应遵从以下基本原则：

（1）调控性

政府的宏观调控和扶持是清洁生产成功推行的关键。政府在市场竞争中起着引导、培育、管理和调控的作用，规范清洁生产市场行为，营造公平竞争的市场环境，从而使清洁生产在全国大范围内有序推进。

（2）自愿性

清洁生产应本着企业自愿实施的原则，通过建立和完善市场机制下的清洁生产运作模式，依靠企业自身利益来驱动。

（3）综合性

清洁生产是一种预防污染的环境战略，具有很强的包容力，需要不同的工具去贯彻和体现。在清洁生产的推进过程中，须以清洁生产思想为指导，将清洁生产审计、环境管理体系、环境标志等环境管理工具有机地结合起来，互相支持、取长补短，达到完整的统一。

（4）现实性

制定清洁生产推进措施应充分考虑中国当前的生态形势、资源状况、环保要求及经济发展需求等。

（5）广泛性

我国当前农业污染严重，以服务行业为主的城市污染问题日益突出。推进农业清洁生产和区域清洁生产已势在必行。

（6）前瞻性

作为先进的预防性环境保护战略，清洁生产服务体系的设计应体现前瞻性。

（7）动态性

清洁生产是持续改进的过程，是动态发展的。

（三）产品层面的环境管理

1. 产品生态设计

20世纪90年代初提出的关于产品设计的新概念，也称为"绿色设计"。产品生态设计是一种新的设计理念，其以产品环境特性为目标，以生命周期评价为工具，综合考虑产品整个生命周期相关的生态环境问题，设计出对环境友好的，又能满足人的需求的新产品。设计方法和步骤包括四个阶段：产品生态辨识、产品生态诊断、产品生态定义、生态产品评价。

产品作为联系生产与生活的一个中介，对当前人类所面临的生态环境问题有着不可推卸的责任。如果以产品为核心，把产品生产过程以及产品的使用和用后处理过程联系起来看，就构成了一个产品系统，包括原材料采掘，原材料生产，产品制造、使用，以及产品用后的处理与循环利用。在该产品系统中，作为系统的投入（资源与能源），造成了资源耗竭和能源短缺问题，而作为系统输出的"三废"排放却造成了工业污染问题，因此，所有的生态环境问题无一不与产品系统密切相关。因此，从产品的开发设计阶段，就需要进行产品生态设计。开发和设计对环境友好的产品已成为当前国际产业界可持续发展行动计划的热点，也是国际 ISO 14000 环境管理标准体系制定的目标之一。

产品设计是一个将人的某种目的或需要转换为一个具体的物理形式或工具的过程。传统的产品设计理论与方法，是以人为中心，从满足人的需求和解决问题为出发点进行的，而无视后续的产品生产及使用过程中的资源和能源的消耗以及对环境的排放。因此，对传统的产品开发设计的理论与方法必须进行改革与创新。各种产品的具体设计方案千差万别，但从设计的程序和方法论的角度看，仍有一些共同的概念与步骤。一般都包括产品功能需求分析、产品规格定义、设计方案实施、参考产品评价。在传统的产品设计中，针对以上四个阶段，主要考虑的因子有市场消费需求、产品质量、成本、制造技术的可行性等技术和经济因子，而没有将生态环境因子作为产品开发设计的一个重要指标。而在产品生态设计中就必须引入新的思想和方法：从"以人为中心"的产品设计转向既考虑人的需求，又考虑生态系统的安全的生态设计；从产品开发概念阶段，就引进生态环境变量，并与传统的设计因子如成本、质量、技术可行性、经济有效性等进行综合考虑；将产品的生态环境特性看作是提高产品市场竞争力的一个重要因素；在产品开发中考虑生态环境问题，并不是要完全忽略其他因子。因为产品的生态特性是包含在产品中的潜在特性，如果仅仅考虑生态因子，产品就很难进入市场，其结果是产品的潜在生态特性也无法实现。

产品生态设计即利用生态学的思想，在产品开发阶段综合考虑与产品相关的生态环境问题，设计出对环境友好的，又能满足人的需求的一种新的产品设计方法。其基本理论基础是产业生态学中的工业代谢理论与生命周期评价。在具体实施上，就是将工业生产过程比拟为一个自然生态系统，对系统的输入（能源与原材料）与产出（产品与废物）进行综合平衡。而在这一平衡过程中需要进行从"摇篮到坟墓"的整个生命周期的分析，即从最初的原材料的采掘到最终产品用后的处理。产品生态设计需要设计人员、生态学家、环境学家共同参与，通力合作。未来的"生态工厂"将是工业生产的标准模式，而产品生态设计也将是未来产品开发的主流。产品生态设计的出现是可持续发展思想在全球得到共识与普及的结果。尤其是产业生态学的兴起，将带来一场新的产业革命。不但改变传统的产品生产模式，也将改变现有的产品消费方式。因此，从产品的开发设计阶段就进行生态设计，既可增强产品在未来市场中的竞争力，也直接推动了产业生态学的发展。

2. 生命周期评价

生命周期评价是指对一个产品系统的生命周期中输入、输出及其潜在环境影响的汇编和评价，具体包括互相联系、不断重复进行的四个步骤：目的与范围的确定、清单分析、影响评价和结果解释。生命周期评价是一种用于评估产品在其整个生命周期中,即从原材料的获取、产品的生产直至产品使用后的处置,对环境影响的技术和方法。

作为新的环境管理工具和预防性的环境保护手段,生命周期评价主要应用在通过确定和定量化研究能量和物质利用及废弃物的环境排放来评估一种产品、工序和生产活动造成的环境负载;评价能源材料利用和废弃物排放的影响以及评价环境改善的方法。生命周期评价的过程是:首先辨识和量化整个生命周期阶段中能量和物质的消耗以及环境释放,然后评价这些消耗和释放对环境的影响,最后辨识和评价减少这些影响的机会。生命周期评价注重研究系统在生态健康、人类健康和资源消耗领域内的环境影响。随着工业化的发展进入自然生态环境的废物和污染物越来越多,超出了自然界自身的消化吸收能力,对环境和人类健康造成极大影响。同时工业化也将使自然资源的消耗超出其恢复能力,进而破坏全球生态环境的平衡。因此,人们越来越希望有一种方法对其所从事各类活动的资源消耗和环境影响有一个彻底、全面、综合的了解,以便寻求机会采取对策减轻人类对环境的影响。

生命周期评价的评估对象是产品系统或服务系统造成的环境影响(其实服务也是一种抽象的产品),而不是评估空间意义上的环境的质量,这与环境科学中的环境质量评估有着根本区别。另外,生命周期评价方法着眼于产品生产过程中的环境影响,这与产品质量管理和控制等方法也是完全不同的。其次,生命周期评价的评估范围要求覆盖产品的整个寿命周期,而不只是产品生命周期中的某个或某些阶段。生命循环的概念是生命周期评价方法最基本的特性之一,是全面和深入地认识产品环境影响的基础,是得出正确结论和做出正确决策的前提。也正是由于生命循环概念在整个方法中的重要性,这个方法才以生命循环来命名。从评估对象的角度来说,生命周期评价是一种评价产品在整个生命周期中造成的环境影响的方法。

生命周期评价产品环境影响的主要思路是:通过收集与产品相关的环境编目数据,应用生命周期评价定义的一套计算方法,从资源消耗、人体健康和生态环境影响等方面对产品的环境影响做出定性和定量的评估,并进一步分析和寻找改善产品环境表现的时机与途径。这里所说的环境编目数据,就是在产品生命周期中流入和流出产品系统的物质/能量流。这里的物质流既包含了产品在整个生命周期中消耗的所有资源,也包含所有的废弃物以及产品本身。可以看到,生命周期评价的评估是建立在具体的环境编目数据基础之上的,这也是生命周期评价方法最基本的特性之一,是实现生命周期评价客观性和科学性的必要保证,是进行量化计算和分析的基础。在生命周期评价标准中,详细地定义了具体的评估实施步骤,它包括如下四个组成部分:目标和范围定义、编目分析、环境影响评估、解释。

与其他的行政和法律管理手段不同，生命周期评价方法作为一种环境管理工具有着自身的特点。首先，生命周期评价方法不是要求企业被动地接受检查和监督，而是鼓励企业发挥主动性，将环境因素结合到企业的决策过程中。从这个意义上讲，生命周期评价方法并不具有行政和法律管理手段的强制性。尽管这样，生命周期评价的研究和应用仍然大行其道，这一方面是由于生命周期评价在产品环境影响评价中的重要作用，另一方面也是环境保护思想深入发展的结果。其次，生命周期评价评估建立在生命循环概念和环境编目数据的基础上，从而可以系统地、充分地阐述与产品系统相关的环境影响，进而才可能寻找和辨别环境改善的时机和途径。这体现了环境保护手段由简单粗放向复杂精细发展的趋势。

（四）活动层面的环境管理

活动层面的环境管理主要体现管理的控制职能，着眼于阐明各类环境管理的内容、程序和要求，而可持续发展的战略和其所倡导的全过程控制思想则贯穿各类环境管理之中。我国的可持续环境战略包括三方面：一是污染防治与生态保护并重；二是以防为主，实施全过程控制；三是以流域环境综合治理带动区域环境保护。尤其是第二点，对环境污染和生态破坏实施全过程控制，就是从"源头"上控制环境问题的产生，是体现环境战略思想和污染预防环境管理模式的一个重要环境战略。以防为主实施全过程控制包括三方面的内容：

1. 经济决策的全过程控制

经济决策是可持续发展决策的重要组成部分，它涉及环境与发展的各个方面，已不是传统意义上的纯经济领域的决策问题。对经济决策进行全过程控制是实施环境污染与生态破坏全过程控制的先决条件，它要求建立环境与发展综合决策机制，对区域经济政策进行环境影响评价，在宏观经济决策层次将未来可能的环境污染与生态破坏问题控制在最低的限度。我国2003年颁布的《环境影响评价法》明确规定，对规划的环境影响评价，则是经济决策全过程控制的重要保障。

2. 物质流通领域的全过程控制

物质流通是在生产和消费两个领域中完成的，污染物也是在这两个领域中产生的。对污染物的全过程控制包括生产领域和消费领域的全过程控制。生产领域全过程控制是从资源的开发与管理开始，到产品的开发、生产方向的确定、生产方式的选择、企业生产管理对策的选择等。消费领域的全过程控制包括消费方式选择、消费结构调整、消费市场管理、消费过程的环境保护对策选择以及消费后产品回收和处置等。现在世界上很多国家，包括中国在内先后建立了环境标志产品制度，实行产品的市场环境准入。然而，产品进入市场后，还要运用经济法规手段，加强环境管理，如推行垃圾袋装化、部分固体废物的押金制、消费型的污染付费制度等。

3. 企业生产的全过程控制

企业是环境污染与破坏的制造者，实施企业生产的全过程控制是有效防治工业污染的关键，要通过 ISO 14001 认证和清洁生产来实现。清洁生产是国家环境政策、产业政策、资源政策、经济政策和环境科技等在污染防治方面的综合体现，是实施污染物总量控制的根本性措施，是贯彻"三同步、三统一"大政方针，转变企业投资方向，解决工业环境问题，推进经济持续增长的根本途径和最终出路。

三、城市环境管理对策和措施

（一）环境保护目标责任制是城市环境保护实施综合决策的基础

环境保护目标责任制是我国环境保护的八项制度之一，对污染防治和城市环境改善起着十分重要的作用，是城市环境保护实施综合决策的基础。我国《环境保护法》明确规定："地方各级人民政府，应当对本辖区的环境质量负责，采取措施改善环境质量。"这一规定的具体实施方式是以签订责任书的形式，规定省长、市长、县长在任期内的环境目标和任务，并作为对其进行政绩考核的内容之一，由此引起地方和城市主管领导对环境问题的重视。实施该制度是实现地区和城市环境质量改善的关键。

（二）城市环境综合整治

1. 调整城市产业结构和生产布局，改善城市环境

限制工业，特别是污染较重的产业在城区内发展；在城区内实施"退二进三"战略，将污染较重的工业企业整体或部分实施搬迁；对迁出地区进行再开发，扶持第三产业的发展，促进城市经济的整体发展；同时，迁出地的土地销售收入，也可以为新厂建设和运行更加有效的污染治理设施提供资金支持。

2. 加强城市基础设施建设，提高环保设施水平

在城市市区内推行管道供气、罐装煤气，改造民用炉灶，提高城市气化率，整顿煤炭市场，控制劣质煤流入市内，逐步调整城市能源结构。大力发展集中供热、联片采暖，对供热网范围内的分散锅炉限期拆除。对重点污染企业限期治理，确保达标排污。加快汽车尾气的治理工作，控制机动车排气污染。加强对建筑施工工地的扬尘管理，植树绿化，实

现门前绿化和道路硬化。

城市垃圾的无害化处理：目前我国生活垃圾无害化处理率还不到20%，现有的处置设施二次污染问题严重，危险废物的处置任务十分繁重。因此，城市垃圾的无害化处理，是城市环境保护工作的重要方面。为尽快解决城市生活垃圾污染环境的问题，城市政府应根据本地的实际情况，综合考虑经济承受能力、土地资源、垃圾质量等因素后，选用适宜的垃圾处理技术，如垃圾填埋、堆肥、焚烧等垃圾处理形式，提高城市生活垃圾处理设施的建设和处理技术水平。

（三）推行和完善城市环境综合整治定量考核制度

城市环境综合整治定量考核制度是以量化的环境质量、污染防治和城市建设的指标体系综合评价一定时期内城市政府在城市环境综合整治方面工作的进展情况，激励城市政府开展城市环境综合整治的积极性，促进城市环境管理制度的改善。城市环境综合整治定量考核的对象是城市政府和市长，考核范围是城市区域，内容涉及城市环境质量、城市污染防治、城市基础设施建设和城市环境管理四方面。国家按统一指标体系对直辖市、副省级城市、省会城市、旅游城市和沿海开放城市等进行考核；省、自治区、直辖市则分别考核所辖地区和县级城市。考核工作主要由各级生态环境部门执行，年度考核结果通过报刊、年鉴等各种媒体向社会公布。实施城市环境综合整治定量考核制度，实现了城市环境管理工作由定性管理向定量管理的转变。

（四）创建环境保护模范城市

20世纪末，在城市环境综合整治及定量考核制度的基础上，原国家环保局在全国开展了创建环境保护模范城市的活动。该活动以实现城市环境质量达到城市各功能区环境标准为目标，目的是引导城市政府在城市经济高速发展的同时，走可持续发展道路，不断改善城市环境，建设生态型城市。为此，原国家环保局制定了环境保护模范城市评价指标，涉及城市社会经济、城市基础设施建设、城市环境质量及城市环境管理等内容。

（五）提高城市生态环境部门的管理水平

城市生态环境部门承担着城市环境管理执法监督的重要职责，同时，环境管理是专业性、技术性很强的工作，要求工作人员的素质较高。为了适应目前城市化进程不断加快和城市环境管理现代化、科学化、规范化的需要，提高生态环境部门城市环境管理能力，亟须通过定期检查、专项调查、集中培训等形式，提高城市环境管理人员的素质。

（六）持续有序地加强对企业和建设项目的环境管理

积极倡导和扶持企业实施清洁生产，实行环境污染的全过程管理。环境影响评价和"三同时"注重建设项目所处位置的环境敏感程度，对环境污染程度以及拟建地区的环境容量，按照城市规划的总体要求，调整工业不合理布局，达到合理利用地区环境容量，满足区域环保目标。严格执行建设项目环保工程的投产、运行，推行"三同时"保证金制度，在项目建成后，做好日常的环境监督检查工作。

实施环境污染物的总量控制。根据城市的环境质量现状，以浓度控制为主，在确保污染源达标排放的基础上，不断削减污染物排放总量，不断改善环境质量，实现功能区达标。

四、农村环境管理

（一）农村环境保护的目标和内容

1. 农村环境保护的目标

农村的环境保护是中国环境保护工作的重要领域，也是当前环境保护工作的薄弱环节。今后我国在农村环境保护方面将采取以下举措：启动农村环境保护行动计划。用 5～10 年的时间，使农村现在的水源地、垃圾污染、土壤污染等一些重要环境问题有比较大的改善。在原有工作的基础上，继续加大生态示范区的建设力度，大力开展生态省、生态市、生态县和环境优美乡镇的创建工作，使当前农村环境条件和社会基础条件比较好的地区实现可持续发展。结合中国当前"菜篮子"基地的建设，加大对"菜篮子"基地建设的环境管理，在食品安全方面做好环境方面的有关工作。加强有关法律法规的建设，尤其针对当前规模化养殖和生态破坏的情况，加强立法工作。

2. 农村环境保护的内容

（1）切实保护好农村饮用水源地

把保障饮用水安全作为农村环境保护工作的首要任务，依法科学划定农村饮用水水源保护区，加强饮用水水源保护区的监测和监管，坚决依法取缔水源保护区内的排污口，禁止有毒有害物质进入饮用水水源保护区，严防养殖业污染水源，严禁直接或者间接向江河湖海排放超标的工业污水。制定饮用水水源保护区应急预案，强化水污染事故的预防和应急处理，确保群众饮水安全。

（2）加大农村生活污染治理力度

因地制宜处理农村生活污水。按照农村环境保护规划的要求，采取分散与集中处理相结合的方式，处理农村生活污水。居住比较分散、不具备条件的地区可采取分散处理方式处理生活污水；人口比较集中、有条件的地区要推进生活污水集中处理。新村庄建设规划要有环境保护的内容，配套建设生活污水和垃圾污染防治设施。

逐步推广"组保洁、村收集、镇转运、县处置"的城乡统筹的垃圾处理模式，提高农村生活垃圾收集率、清运率和处理率。边远地区、海岛地区可采取资源化的就地处理方式。

优化农村生活用能结构，积极推广沼气、太阳能、风能、生物质能等清洁能源，控制散煤和劣质煤的使用，减少大气污染物的排放。

（3）严格控制农村地区工业污染

采取有效措施，提高环保准入门槛，禁止工业和城市污染向农村转移。严格执行国家产业政策和环保标准，淘汰污染严重的落后的生产能力、工艺、设备。强化限期治理制度，对不能稳定达标或超总量的排污单位实行限期治理，治理期间应予限产、限排，并不得建设增加污染物排放总量的项目；逾期未完成治理任务的，责令其停产整治。严格执行环境影响评价和"三同时"制度，建设项目未履行环评审批程序即擅自开工建设的，责令其停止建设，补办环评手续，并予以处罚。对未经验收，擅自投产的，责令其停止生产，并予以处罚。加大对各类工业开发区的环境监管力度，对达不到环境质量要求的，要限期整改。加快推动农村工业企业向园区集中，鼓励企业开展清洁生产，大力发展循环经济。

（4）加强畜禽水产养殖污染防治

科学划定禁养、限养区域，改变人畜混居现象，改善农民生活环境。各地要结合实际，确定时限，限期关闭、搬迁禁养区内的畜禽养殖场。新建、改建、扩建规模化畜禽养殖场必须严格执行环境影响评价和"三同时"制度，确保污染物达标排放。对现有不能达标排放的规模化畜禽养殖场实行限期治理，逾期未完成治理任务的，责令其停产整治。鼓励生态养殖场和养殖小区建设，通过发展沼气、生产有机肥等综合利用方式，实现养殖废弃物的减量化、资源化、无害化。依据土地消纳能力，进行畜禽粪便还田。根据水质要求和水体承载能力，确定水产养殖的种类、数量，合理控制水库、湖泊网箱养殖规模，坚决禁止化肥养鱼。

（5）控制农业面源污染

采取综合措施控制农业面源污染，指导农民科学施用化肥、农药，积极推广测土配方施肥，推行秸秆还田，鼓励使用农家肥和新型有机肥。鼓励使用生物农药或高效、低毒、低残留农药，推广作物病虫草害综合防治和生物防治。鼓励农膜回收再利用。加强秸秆综合利用，发展生物质能源，推行秸秆气化工程、沼气工程、秸秆发电工程等，禁止在禁烧区内露天焚烧秸秆。

（6）积极防治农村土壤污染

做好全国土壤污染状况调查工作，摸清情况，把握机遇，逐步完善土壤环境质量标准体系，建立土壤环境质量监测和评价制度，开展污染土壤综合治理试点。加强对污灌区域、工业用地及工业园区周边地区土壤污染的监管，严格控制主要粮食产地和蔬菜基地的污水灌溉，确保农产品质量安全。积极发展生态农业、有机农业，严格对无公害、绿色、有机农产品生产基地的环境监管。

（7）加强农村自然生态保护

坚持生态保护与治理并重，重点控制不合理的资源开发活动。优先保护天然植被，坚持因地制宜，重视自然恢复。严格控制土地退化和草原沙化。保护和整治村庄现有水体，努力恢复河沟池塘生态功能，提高水体自净能力。加强对矿产资源、水资源、旅游资源和交通基础设施等开发建设项目和活动的环境监管，努力遏制新的人为破坏。做好转基因生物安全、外来有害入侵物种和病原微生物的环境安全管理，严格控制外来物种在农村的引进与推广，保护农村生物多样性。加强红树林、珊瑚礁、海草等海洋生态系统的保护和恢复，改善海洋生态环境。

（8）加强农村环境监测和监管

建立和完善农村环境监测体系，研究制定农村环境监测与统计方法、农村环境质量评价标准和方法，开展农村环境状况评价工作，定期公布全国和区域农村环境状况。加强农村饮用水水源保护区、自然保护区、重要生态功能保护区、规模化畜禽养殖场和重要农产品产地的环境监测。有条件的地区应开展农村人口集中区的环境质量监测。

严格建设项目环境管理，开发建设活动必须依法执行环境影响评价和"三同时"制度，防止产生新的环境污染和生态破坏。禁止不符合区域功能定位和发展方向、不符合国家产业政策的项目在农村地区立项。加大环境监督执法力度，对不执行环境影响评价、违反建设项目环境保护设施"三同时"制度、不正常运转治理设施、超标排污、在自然保护区内违法开发建设和开展旅游或者违规采矿造成生态破坏等违法行为，严格查处。

（二）加强农村环境保护的措施

1. 加强农村环境保护立法

依法制定和完善农村环境保护法规、标准和技术规范，抓紧研究起草土壤污染防治法、畜禽养殖污染防治条例和农村环境保护条例。制定农村环境监测、评价的标准和方法。各地要结合实际，抓紧制定和实施一批地方性农村环境保护法规、规章和标准。

2. 建立农村环境保护责任制

实行县乡（镇）环境质量行政首长负责制，实行年度和任期目标管理。各省（自治区、直辖市）可根据实际情况制定农村环境质量评价指标体系和考核办法，开展县乡（镇）环境质量考核，定期公布考核结果。对在农村环境保护中做出突出贡献的单位和个人，予以表彰和奖励。

3. 加大农村环境保护投入

逐步建立政府、企业、社会多元化投入机制。环境保护专项资金应安排一定比例用于农村环境保护。各级政府用于农村环境保护的财政预算和投资应逐年增加，重点支持饮用水源地保护、农村生活污水和垃圾治理、畜禽养殖污染治理、土壤污染治理、有机食品基地建设等工程。积极协调发展改革和财政部门，编制和实施农村环境保护规划，以规划带动项目，以项目争取资金，将农村环境保护落到实处。鼓励社会资金参与农村环境保护。逐步实行城镇生活污水和垃圾处理收费政策。积极探索建立农村生态补偿机制，按照"谁开发谁保护、谁破坏谁恢复、谁受益谁补偿"的原则，研究农村区域间的生态补偿方式。

4. 增强科技支撑作用

以科技创新推动农村环境保护，尽快建立以农村生活污水、垃圾处理以及农业废弃物综合利用技术为主体的农村环保科技支撑体系。大力研究、开发和推广农村环保适用技术。积极开展农村环保科普工作，提高群众保护农村环境的自觉性。建立农村环保适用技术发布制度，积极开展咨询、培训、示范与推广工作，促进农村环保适用技术的应用。

5. 深化试点示范工作

积极开展饮用水源地保护、农村生活污水和垃圾治理、畜禽养殖污染治理、土壤污染治理、有机食品基地建设等示范工程，解决农村突出的环境问题。以生态示范创建为载体，积极推进农村环境保护。扎实推进和深化环境优美乡镇、生态村创建工作，创新工作机制，实施分类指导，分级管理；严格标准，完善考核办法；实行动态管理，建立激励和奖惩机制，表彰先进，督促后进。

6. 加强组织领导和队伍建设

地方各级生态环境部门要把农村环境保护工作纳入重要议事日程，研究部署农村环保工作，组织编制和实施农村小康环保行动计划，制订工作方案，检查落实情况，及时解决问题，做到组织落实、任务落实、人员落实、经费落实。省级、市级、县级生态环境部门要加强农村环境保护力量，鼓励和支持有条件的县级生态环境部门在辖区乡（镇）设立派出机构，加强农村环境监督管理。乡（镇）人民政府应明确环保工作人员，把环保工作落到实处。建立村规民约，组织村民参与农村环境保护。

7. 加大宣传教育力度

充分利用广播、电视、报刊、网络等媒体，广泛宣传和普及农村环境保护知识，及时报道先进典型和成功经验，揭露和批评违法行为，提高农民的环境意识，调动农民参与农村环境保护的积极性和主动性。维护农民的环境权益，尊重农民的环境知情权、参与权和监督权，农村环境质量评价结果应定期向农民公布，对涉及农民环境权益的发展规划和建设项目，应当听取当地农民的意见。

第三节   工业企业的环境管理

一、工业企业环境管理的基本内容

（一）工业企业环境管理的概念

工业企业管理是一个完整的系统，围绕实现企业总目标的主体专业管理是生产、经营过程的管理，主要包括产品设计、制造和销售管理。而其他专业管理如原材料、劳动力能源、维修、环境保护、劳动保护、安全等都是为生产、经营服务的。

在工业企业管理中，除了专业管理外，还有和企业各项工作都发生直接关系，渗透到各项工作的全过程，并需要企业全体人员都参与的综合管理。因为这类管理具有整体性、全过程性和全员性的特点，所以也称为全面管理。目前一般认为在工业企业里，属于这一类管理的内容共有五项，即全面计划管理、全面质量管理、全面经济核算、全面劳动人事管理和全面环境管理。

当前，工业企业管理正面临着从狭义到广义，从单纯生产型到综合的生产、经营型变革的过程。管理的范围和内容不仅仅局限于从原料进厂到产品出厂的生产过程，而进一步开拓了工业产品生产前管理。工业企业的环境管理是企业管理的一个主要组成部分，是以管理工程和环境科学的理论为基础，运用技术经济、法律、行政和教育手段，对生产经营活动中损害环境质量的行为加以限制，协调发展生产与保护环境的关系，把生产目标与环境目标统一起来，使环境效益与经济效益统一起来，实现可持续发展。

（二）工业企业环境管理的内容

工业企业环境管理包含两方面内容：一方面是企业作为管理的主体对企业内部自身进行管理；另一方面是企业作为管理的对象而被其他管理主体如政府职能部门所管理。这两方面的内容之间有着十分密切的内在联系，只有明确了解法律、法规及环境保护行政主管部门的要求和规定，加强自身的建设，才能实现环境保护目标。如何确保工业企业环境管理工作的顺利进行？要从以下方面加以考虑：企业应认真贯彻执行国家有关环境管理的方针、政策和规定；企业应将环境管理纳入企业管理中去，并渗透到各综合管理和专业管理中；企业新建项目或新建企业对环境的影响应符合本企业和本区域的环境目标要求；企业对老污染源应制定明确的环境目标，制订全面、有效的环境保护规划，并落实具体措施；建立健全环保组织体系和较完善的环保管理条例体系，以保证能正常、持续、有效地开展环境管理工作。

工业企业的环境管理是工业企业管理的重要组成部分，其主要内容如下：

1. 环境计划管理

包括在工业企业环境保护计划的制订、执行和检查。工业企业环境保护计划的主要任务是控制污染物的排放。根据国家和地方政府规定的环境质量要求和企业生产发展目标，制定污染物的排放及削减指标，并制订为实现指标所采取技术措施等长期的和年度的计划，并把这种计划纳入企业整个经营计划。

2. 环境质量管理

包括根据国家和地方颁布的环境标准制定本企业各污染源的排放标准；组织污染源和环境质量状况的调查和评价；建立环境监测制度，对污染源进行监督；建立污染源档案，处理重大污染事故，并提出改进措施。

3. 环境技术管理

包括组织制定环境保护技术操作规程，提出产品标准和工艺标准的环境保护要求，发展无污染工艺和少污染工艺技术，开展综合利用，改革现有工艺和产品结构，减少污染物的排放等。

4. 环境保护设备管理

包括正确选择技术上先进、经济上合理的防止污染的设备，建立和健全环境保护设备管理制度和管理措施，使设备经常处于良好的技术状态，符合设计规定的技术经济指标。

工业企业环境管理内容的核心就是要把环境保护融入企业经营管理的全过程中，既要发挥专业管理的作用，又要能发挥综合管理的作用，使环境保护成为工业企业的重要决策因素，工业企业必须在企业活动的过程中贯彻经济与环境相协调的原则，"防治结合、以防为主"，全面规划，综合防治，做到环境保护和工业生产同步发展，实现环境效益、社会效益和经济效益的统一。在企业管理活动中要重视研究本企业的环境对策，采用新技术、新工艺，减少有害废弃物的排放，对废旧产品进行回收处理及循环利用，变普通产品为"绿色产品"，努力通过环境认证，积极参与区域环境整治，加强对员工的环保宣传，树立"绿色企业"的良好形象。只有这样，工业企业才能在人类社会与自然环境系统的运行中发挥积极作用，确保工业企业的可持续发展。

二、工业企业环境管理体制

环境管理体制是环境管理学的重要内容，它与环境经济学、环境法学等有着十分密切的联系。建立和健全环境管理体制、机构和制度，是进行工业企业环境管理的重要保证。

所谓工业企业环境管理体制，就是在企业内部健全全套从领导、职能科室到基层单位，在污染预防与治理、资源节约与再生、环境设计与改进以及遵守政府的有关法律法规等方面的各种规定、标准制度甚至操作规程。使之明确环境管理方面的职权范围分工，相互关系及所承担的责任。

（一）建立工业企业环境管理体制的基本原则

1. 与工业企业的领导体制相适应的原则

我国现行工业企业的领导体制是厂长负责制和职工代表大会制。前者体现了企业自上而下的集中领导，统一指挥，后者体现了自下而上的广泛民主、群众监督，两者将集中与民主有机结合，贯彻了民主集中的基本原则。企业环境管理体制必须适应这种情况。

2. 从企业环境管理特点出发的原则

企业污染环境问题，主要来源于生产过程。因此，保护环境主要应在生产过程中加以解决。工业企业生产经营活动的各个环节，都客观地存在着向环境排放污染物的可能，在生产过程中加强企业环境管理，进行污染综合防治，必然涉及企业各个方面，只有明确分工，通力协作，才能做好企业的环境管理工作。

工业企业环境管理的基本职能是规划、协调和监督作用，三者必须有机地结合，有效地实施企业环境管理体制的领导和组织作用。

3. 有利于在生产过程中控制和消除污染的原则

企业要控制和消除污染，必须走加强环境管理，以管促治、以管带治、综合防治的路子。从加强环境管理着手，统筹组织布局、管理、改造与净化几个方面综合地进行工作，消除设备的"跑、冒、滴、漏"和工艺的不合理流失，降低资源、能源的消耗和减少生产过程中污染的排放量，企业环境质量就会得到明显的改善，企业的生产发展和环境保护的双重目标就能够不断地实现与提高。

(二) 工业企业环境管理体制的基本形式

1. 单纯治理型

优点：由厂长或经理直接决策并指挥；由某一专业部门按领导指令单独执行；治理部门不固定，因事、因时而定；单纯的就事论事地处理。

缺点：只适合处理较简单的环境问题；没有形成固定的、长期的、制度化的治理系统和处理程序，使环境问题的处理缺乏系统性和条理性；对环境问题治理通常是事后处理。

2. 专业治理型

优点：形成了从厂领导到生产班组操作工人的环境专业管理、污染治理、环境信息系统；初步确定了厂长负责制，环境问题的处理，由厂部下达给环保专业管理部门组织实施完成，其他专业管理部门协同参与处理；环境管理已成为企业管理的一个长期、稳定的重要组成部分，环境问题中相当一部分可获得较稳定、连续和长期的处理。

缺点：环保专业管理部门单独承担环境问题的防治和处理，不利于分清责任，不利于发挥其他专业管理部门的特长，不利于实现企业的环境规划和目标；部门脱节较难做到污染预防，也不利于贯彻环境经济责任制；无法集中精力做好环境规划、监督、协调等专业管理工作。

3. 全面管理型

优点：不论生态环境部门是否承担处理任务，都应担负起督促、检查、协调及综合的责任，分清职责，各司其职；能较好地贯彻综合治理，防治结合，以防为主的原则，将环境问题防止在产生之前，消灭在生产过程之中，同时避免在销售、应用时产生污染，从而能较彻底地消灭污染，防止环境问题的重复发生。

4. 标准化管理型

ISO 14000 系列是由国际标准化组织（ISO）制定的，它是通过规范全球工业、商业、政府、非营利性组织和其他用户的环境行为，改善人类环境，促进世界贸易和经济的持续发展。ISO 14000 系统主要包括环境管理体系及环境审核、环境标志、生命周期评价等几大部分。ISO 14000 系列标准的提出和实施，为环境管理体系的认证提供了合适的规范，使企业环境管理更加规范有序，同时也为企业国际交流提供了共同语言。

下面列出 ISO 14001 标准规定的环境管理体系的五大部分及要求：

①环境方针：阐述组织的环境工作宗旨和原则，为制定环境目标、指标和措施提供依据。

②规划（策划）：为实施环境方针而确定环境目标、指标、工作重点、行动步骤、资

源、措施和时间安排。

③实施和运行：执行环境计划，使环境管理体系正常运行。

④检查和纠正措施：检查运行中出现的问题并加以纠正。

⑤管理评审：依据对环境管理体系审核的结果以及不断变化的形势，提出方针、目标和程序变动的要求，以求不断完善及保持环境管理体系的持续适应性。

流程如下：最高管理者的承诺→确定方针目标→提供人、财、物确保体系运行→程序化和文件化的全过程控制→检验、纠正、审核、评审→持续改进。

其特点是：强调预防为主、全面管理和持续改进；重视污染预防和生命周期分析；突出企业最高管理者的承诺和责任；强调全员环境意识及参与；结构化、系统化、程序化的系统工程管理方法；明确环境管理体系是企业大系统的一个子系统，要和其他子系统协同运作。

因此，领导重视、组织健全是贯彻 ISO 14000 系列的前提；同时，企业制定环境管理制度，建立环境管理体系要从实际出发。在已开展的广义的环境管理的基础上，根据企业的活动、产品和服务的特点确定体系要素，分解和落实环境管理的职能、职责和任务。根据 ISO 14001 标准的要求，环境管理体系应由环境方针、规划（策划）、实施和运行、检查和纠正措施及管理评审等五个一级要素组成。

体系建立后，应通过有计划的评审和持续改进的循环，保持环境管理体系的完善和提高。在环境管理组织健全、体系完善的基础上，全面推行"清洁生产"工艺，将整体预防的环境战略持续应用于生产过程和产品。从根本上解决资源浪费和环境污染，是达到国际环境管理认证体系要求的关键。由于清洁生产是一项系统工程，涉及管理、技术、生产等各方面，加之清洁生产又具有相对性，是个渐进过程，因此，为保证清洁生产在企业中持续推行，必须在企业内部建立一个长期性的清洁生产审计组织。

实施 ISO 14001 这一标准的组织的最高管理者必须承诺符合有关环境法律法规和其他要求；强调从源头考虑如何预防和减少污染的产生，而不是末端治理；持续改进，一天比一天更好；强调系统化、程序化的管理和必要的文件支持；此标准不是强制性标准，企业可根据自身需要自主选择是否实施；企业通过建立和实施 ISO 14001 标准可获得第三方审核认证证书；此标准不仅适用于企业，同时也可适用于事业单位、商行、政府机构、民间机构等任何类型的组织。

三、工业污染源的管理与控制

（一）工业污染源管理的内容

污染源是指污染物的发生源，即能产生物理的（声、光、热、振动、辐射等）、化学的（无机的、有机的）、生物的（霉菌、病菌等）有害物质的场所、装置和设备等，且其有害物质在空间分布和时间持续上能达到危害人类和生物界生存与发展的程度。

按照污染物的种类，工业污染源可以分为化学污染源、物理污染源、生物污染源以及排放多种污染物的复合污染源。事实上，现在大多数污染源都属于复合污染源。

按照污染物危害和影响的主要对象，工业污染源可分为大气污染源，水体污染源和土壤污染源等。

按照向环境排放的空间分布方式，工业污染源则可分为点污染源、线污染源、面污染源。

工业企业污染源所排放的各类污染物是造成我国环境污染的主要原因。工业企业环境保护的各项工作归根结底就是对污染源进行综合整治，减轻并控制污染物的排放，达到合理利用资源和保护环境的目的。污染源管理是指运用行政的、经济的、法律的、技术的和宣传教育的手段，对产生和影响污染源排放污染物的各种因素，以及对污染物有害影响实施有效控制所进行的科学管理。

工业企业污染源管理包括污染源调查、污染源评价和污染源控制。

1. 污染源调查

污染源调查的目的是查清各类污染源的污染排放和治理情况。做好这项工作有助于掌握污染源排放污染物的种类、性质、特征、浓度、排放量及其时空变化规律和趋势，并建立污染源档案，结合环境质量监测可以预测环境质量变化趋势，以便采取相应对策，减少和控制污染源排放的污染物。

2. 污染源评价

对污染源调查获得的各种污染物的信息（浓度、数量等），采用同一标准或同一尺度进行换算，使毒性不同、形态不同的各类污染物可以相互进行比较，了解污染源的潜在危害，确定主要污染源和主要污染物，为制定经济上合理、技术上可行的环境保护措施和污染源治理方案提供科学的依据。

3. 污染源控制

污染源控制的目的是减少工业企业排放各类污染物的数量，可以通过法律、经济、行政、技术等各种管理手段来实现。

（二）工业企业控制污染的措施

1. 清洁生产

（1）源头控制与清洁生产

环境问题已经成为须全球共同努力来解决的问题。经过几十年的实践，人们认识到污染无论是从浓度上控制，还是从污染物排放总量上控制，这些都属于末端控制。末端控制不可能从根本上解决环境污染问题。

所谓末端控制系指采取一系列措施对经济活动产生的废物进行治理，以减少排放到环境中的废物总量，这是传统的污染控制方式。由于末端治理是一种治标的措施，投资大、效果差。而且末端治理投资一般难以在投资期限内收回，再加上常年运转费用，在法制尚不健全的强制性管理环境中，企业的积极性不高。

在逐渐认识到末端控制弊病的基础上，人们开始探索新的污染控制方法。经过几年的努力，源头控制、污染预防这一新的控制方法得到不断完善。

所谓源头控制是针对末端控制而提出的一项控制方式，是指在"源头"削减或消除污染，即尽量减少污染物的生产量，实施源削减。美国污染预防政策的实质就是推行源头控制，实施源削减。这是一种治本的措施，是一种通过原材料替代，革新生产工艺等措施，在技术进步的同时控制污染的方法，代表了今后污染控制的方向。

（2）清洁生产的含义

环境污染问题大多产生于工业生产的全过程。因此，工业企业的环境管理不能仅局限于末端治理，而应把目光转向生产的全过程。

20世纪80年代，联合国环境规划署工业与环境规划中心（UNEP IE/PAC），根据UNEP理事会会议的决定，制订了《清洁生产计划》，在全球范围内推进清洁生产。该计划的主要内容之一为组建两类工作组：一类为制革、造纸、纺织、金属表面加工等行业清洁生产组；另一类则是组建清洁生产政策及战略、数据网络、教育等业务工作组。该计划还强调要面向政界、工业界、学术界人士，提高他们的清洁生产意识，教育公众，推进清洁生产的行动。联合国环境规划署首次为"清洁生产（Cleaner Production）"概念下了定义："清洁生产是一种新的创造性的思想，该思想将整体预防的环境战略持续应用于生产过程、产品和服务中，以增加生态效率和减少人类及环境的风险。"

——对生产过程，要求节约原材料与能源，淘汰有毒原材料，减降所有废弃物的数量与毒性；

——对产品，要求减少从原材料提炼到产品最终处置的全生命周期的不利影响；

——对服务，要求将环境因素纳入设计与所提供的服务中。

《中国21世纪议程》的定义："清洁生产是指既可满足人们的需要又可合理使用自然资源和能源并保护环境的实用生产方法和措施，其实质是一种物料和能耗最少的人类生产活动的规划和管理，将废物减量化、资源化和无害化，或消灭于生产过程之中。同时，对人体和环境无害的绿色产品的生产亦将随着可持续发展进程的深入而日益成为今后产品生产的主导方向。"

清洁生产的定义包含了两个全过程控制：生产全过程和产品整个生命周期全过程。对生产过程而言，清洁生产包括节约原材料与能源，尽可能不用有毒原材料并在生产过程中就减少它们的数量和毒性；对产品而言，则是从原材料获取到产品最终处置过程中，尽可能将对环境的影响减少到最低。清洁生产不仅体现了工业可持续发展的战略，也体现着经济效益、环境效益和社会效益的统一。清洁生产是环境保护战略由被动反应向主动行动的一种转变，它强调在污染产生之前就予以削减，彻底改变了过去被动的污染控制手段。另外，清洁生产还是一个相对的、动态的概念，存在一个长期的不断发展完善的过程，它随着社会经济的发展和科学技术的进步，会有不同的内容，达到更高的水平。因此，其对未来社会经济乃至政治都将产生深远的影响。

（3）清洁生产的效益

清洁生产的实施将给企业带来显著的经济效益与环境效益，主要有：节能、降耗、减污、增效，降低产品成本和"废物"处理费用，提高企业的经济效益；使污染物排放大为减少，末端处理处置的负荷减轻，处理处置设施的建设投资和运行费用降低；避免减少末端处理可能产生的风险，如填埋、储存的泄漏、焚烧产生的有害气体、处理污水产生的二次污染；实施清洁生产可以减轻产品生产与消费过程对环境的污染，满足国际贸易与消费者对产品日益严格的环保要求，有利于提高企业的环保形象，有利于提高产品的竞争能力。

（4）清洁生产的内容

国际培训课程《污染预防与清洁生产原理》（美国国家环境保护局国际事务处编）中指出清洁生产的六大组成部分包括以下内容：

①废弃物削减。

"废弃物"一词指所有类型的危险物和固态、液态和气态的废弃物以及废热等。清洁生产的目标在于实现废弃物零排放。

②无污染生产。

采用清洁生产概念的理想生产过程，在一个封闭性生产环境中进行，废弃物零排放。

③生产能源效率及节约。

清洁生产要求高的能源效率及节约水平。能源效率为能源消耗与产品产出之间的比率。能源节约指能源使用的减少量。

④安全和健康的工作环境。

清洁生产致力于把工人的风险降至最低，从而把工作场所建设成一种清洁、安全和健康的环境。

⑤高环境效益产品。

成品及所有可销售的副产品都不应破坏环境。在产品和流程设计的最早期，以及在从产生至废弃物处理的产品生命周期全过程内均应强调人员和环境健康。

⑥高环境效益包装。

包装应尽量简单，当需要进行包装以保护产品或促进产品销售或提高产品消费便利性时，产品包装对环境造成的影响应当减至最低。

2. 产品的生态设计

（1）基本思想

传统的产品设计重点放在市场需求、美观、成本利润、产品质量等因素。然而今天，人们在设计产品时不得不关注环境，因为产品在它从原料、设计、制造、销售、使用，直至废弃处置的整个生命期间，全都以某种方式影响着环境。在这种新的设计过程中，要给予环境与利润、功能、美学、人体工程、形象和总体技能等传统的工业价值相同的地位。这种设计思想和方法叫作生态设计。

产品生态设计的出现是可持续发展思想在全球得到共识与普及的结果。这样的设计理念不但改变了传统的产品生产模式，也将改变现有的产品消费方式。专家预测，未来的"生态工厂"将是工业生产的标准模式，而产品生态设计也将是未来产品开发的主流。

（2）产品生态设计的原则

进行产品生态设计首先要提高设计人员的环境意识，遵循环境道德规范，使产品设计人员认识到产品设计乃是预防工业污染的源头所在，他们对于保护环境负有特别的责任。其次，应在产品设计中引入环境准则，并将其置于首要地位。

此外，产品设计人员在具体操作时，应遵循下述七条原则：

①选择对环境影响小的原材料。

减少产品生命周期对环境影响应优先考虑原材料的选择。在生态设计中，材料选择是对原材料进行鉴定，然后对原材料在制取、加工、使用和处置各阶段对生态可能造成的冲击进行识别和评价，从而通过比较选出最适宜的原材料。选择的具体原则依据如下：尽量避免使用或减少使用有毒有害化学物质；如果必须使用有害材料，尽量在当地生产，避免从外地远途运来；尽可能改变原料的组分，使利用的有害物质减少；选择丰富易得的材料；优先选择天然材料代替合成材料；选择能耗低的原材料。

②减少原材料的使用。

无论使用什么材料，用量越少，成本和环境优越性越大，而且可以降低运输过程中的成本，具体措施有：使用轻质材料；使用高强度材料可以减轻产品重量；去除多余的功能；减小体积，便于运输。

③加工制造技术的优化。

减少加工工序，简化工艺流程；生产技术的替代；降低生产过程中的能耗；采用少废无废技术，减少废料产生和排放；降低生产过程中的物耗。

④运输过程的防范。

选择高效的运输方式；减少运输工具大气污染物排放；防止运输过程中发生洒落、溢漏和泄出，确保有毒有害材料的正确装运；综合运用立法、管理、宣传、市场等多种手段，促进包装废料的最少化；减少包装的使用，包装材料的回收与再循环。

⑤减少使用阶段的环境影响。

有些产品的环境负荷集中在其使用阶段（如车辆等运输工具、家用电器、建筑机械等），因此，要着重设计节电、省油、节水、降噪的产品。

⑥延长产品使用寿命。

长寿命的产品可以节约资源、减少废弃物。延长产品寿命可采取如下办法：

A. 加强耐用性。不言而喻，经久耐用能延长产品的使用寿命。但是，应该指出的是，耐用性只能适当提高，超过期望使用寿命的产品设计将造成浪费，对于那些以日新月异的技术开发出来的产品，很快会因技术进步而被淘汰，没有必要去设计太长的使用寿命。对于这类产品，强调适应性是更好的策略。

B. 加强适应性。一个适用的设计允许不断修改或具备几种不同的功能。保证产品适应性的关键是尽量采用标准结构，这样可通过更换更新较快的部件使产品升级。

C. 提高可靠性。简化产品的结构，减少产品的部件数目能提高设计的可靠性。因此，应提倡"简为美"的设计原则。

D. 易于维修保养，易于维护的产品可以提高使用寿命。

E. 组建式的结构设计，可以通过局部更换损坏的部件延长整个产品的使用寿命。

F. 用户精心使用，不违法使用规程，注意维修保养。

⑦产品报废系统的优化。

A. 建立一个有效的废旧产品回收系统。目前，国外倾向确立"谁造谁负责，谁卖谁负责"的立法原则，利用现有的制造系统和销售系统来完成废旧产品的回收任务。

B. 重复利用。淘汰产品和报废产品拆卸后，有些部件只须清洗、磨光，再次组装起来，即可达到原设计的要求而再次使用。

C. 翻新再生。磨损报废后产品的重复利用和翻新再生后即可恢复成新的产品。

D. 易于拆卸的设计。报废产品的重复利用和翻新再生都要在产品寿命结束时拆卸，因此，在设计阶段不但要考虑装配方便，亦要考虑易于拆卸，应尽量减少使用黏结、铆焊等手段。

E. 材料的再循环。金属、塑料、木制品都属于易于再循环的材料，但为再循环方便，要尽量少用复合材料以及电镀件和油漆件。产品结构中要减少所用材料的数目，注意不同材料间的相容性。部件上要注明材料的名称、组成和再循环的途径。

F. 清洁的最终处置。有机废弃物可以制成堆肥，或发酵产生沼气，也可通过焚烧回收热量。无机废弃物除了安全填埋外，可以考虑搅拌在建材的原料中或作为筑路的地基材料。

综上所述，产品的生态设计首先是一种观念的转变。在传统设计中，环境问题往往作为约束条件看待，而绿色设计是把产品的环境属性看作设计的机会，将污染预防与更好的物料管理结合起来，从生产领域和消费领域的跨接部位上实施清洁生产，推动生产模式和消费模式的转变。

产品生态设计的原则和方法不但适用于新产品的开发，同时也适用于现有产品的重新设计。

(三) 工业污染源的环境管理措施

作为环境管理对象的工业企业环境管理主要是政府环境保护职能部门依据国家的政策、法规和标准，采取法律、经济、技术、行政和教育等手段，对工业企业实施环境监督管理。依据全过程控制的原理，工业企业环境管理的主要内容有三方面：工业企业发展建设过程的环境管理；产品生产、销售过程的环境管理；对工业企业自身环境管理体系的环境管理。其中第一方面在前面项目、任务中已有介绍，以下介绍后两方面。

1. 产品生产过程的环境管理

(1) 污染源排放的环境管理

政府环境保护职能部门对污染源排放的监督管理，并不是去代替工业企业治理污染源，而是依靠国家的政策、法规和排放标准，对污染源实行监控，以确保污染物排放符合国家及地方的有关规定。

①现有污染源的环境管理。

对现有污染源的监督管理，主要是监控其排放是否符合国家及地方法定的排放标准，监控其在技术改造中是否采用符合规定要求的技术措施。实践经验表明，从持续发展的动态观念来看，忽视污染源之间及环境功能区之间的差别，仅采用浓度标准静态控制，难以有效控制区域环境污染的发展。因此，目前环境管理由浓度控制向总量控制转移，由末端治理向源头控制、过程控制转移。

②新建项目污染源的环境管理。

目前新建项目的污染源管理大体可以分为两个阶段：第一阶段是在建设前进行环境影响评价，即对建设项目的厂址选择、产品的工艺流程、使用的原料及排污等进行环境影响评价，提出预防污染的措施和对策，并作为整个建设项目可行性研究的一个组成部分；第二阶段是要保证环境影响报告书（表）中提出的措施得到落实，确保新建项目排放的污染物得到有效治理。

③矿产资源开发利用的环境管理。

矿产资源的开发利用与其他建设项目相比之下，对环境的影响范围与程度更大，特别是对自然生态环境的影响非常大，甚至不可恢复。

矿产资源开发利用的环境管理的主要内容和手段是进行环境影响评价，不仅要在开发前做好环境影响评价工作，而且开发后要做好回顾性评价。在进行评价时，要考虑自然资源开发引起的自然风险和社会风险，注意资源开发的外部不经济性。

加强矿产资源开发利用的环境管理，还应对矿产资源开发利用的各个阶段进行必要的环境监测，获取信息，随时反馈，以便及时制定相应的补救措施。矿产资源开发主管部门应会同当地环境管理机构，建立事故应急小组，制订应急措施计划，配备应急处理设备，以便在发生意外环境事故时能迅速采取行动，有效控制污染程度与污染范围，减轻对周围环境的影响，避免公害事故的发生。

（2）生产过程的环境审计

①环境审计的概念。

环境审计是对环境管理的某些方面进行检查、检验和核实。国际商会在专题报告中对环境审计的概念做了陈述，并得到了的普遍认同："环境审计"是一种管理工具，它对于环境组织、环境管理和仪器设备是否发挥作用进行系统的、文化的、定期的和客观的评价。其目的在于通过以下两方面来帮助保护环境：一是简化环境活动的管理；二是评定公司政策与环境要求的一致性，公司政策要满足环境管理的要求。

环境审计的全过程是审计主体对于审计客体（对象）的生产过程进行全面的环境管理的过程。环境审计主体，包括国家审计机关和社会审计机构两类。前者为政府的职能部门，它经政府授权对排污单位进行环境审计；后者是一种社会性的民间审计机构，它能接受生态环境保护行政主管部门、审计机关及产品进出口审查机关部门的委托，从事一些特定目的的环境审计工作。环境审计的客体，即环境审计的对象，它包括排放或超标排放污染物的一切企业、事业单位。

②环境审计的层次划分。

随着环境保护工作的开展，环境审计工作也在逐步深化，出现了三个不同层次的环境审计。

A. 以审查执法情况为目的的环境审计。依据国家的、地方的和行业的法规、审查企业的执行情况和达标情况，从中发现问题，制订出有针对性的行动计划，改进企业的环保工作，防止污染事故的发生。

B. 以废物减量为目的的环境审计。从生产过程中发掘削减废物发生量的机会，通过分析评估，提出改进方案，从而使之对环境污染减至最低。

C. 以清洁生产为目的的环境审计。对某一产品的生产全过程进行总物料平衡、水总量平衡、废物起因分析和废物排放量分析，从原材料、产品、生产技术、生产管理及发放物等整个生产过程的各个环节进行评估，寻找出存在的问题。并通过审计评估，提出实施清洁生产的多层次方案。

③企业生产过程的清洁生产审计。

A. 企业清洁生产审计的概念。清洁生产审计也称清洁生产审核，是审计人员按照一定的程序，对正在运行的生产过程进行系统分析和评价的过程；也是审计人员通过对企业的具体生产工艺、设备和操作的诊断，找出能耗高、物耗高、污染重的原因，掌握废物的种类、数量以及生产原因的详尽资料，提出减少有毒和有害物料的使用、产生以及废物产生的备选方案，经过对备选方案的技术经济及环境可行性分析，选定可供实施的清洁生产方案的分析、评估过程。

B. 企业清洁生产审计的作用。通过对企业生产过程进行清洁生产审计，可以起到以下作用：

核对有关单元操作、原材料、产品、用水、能源和废弃物资料。

确定废弃物的来源、数量以及类型，确定废弃物削减的目标，制定经济有效的削减废弃物的对策。

提高企业削减废弃物获得效益的认识和知识。

判定企业效率低的瓶颈部位和管理不善的地方。

提高企业经济效益和产品质量。

C. 企业清洁生产审计的特点及工作程序。清洁生产审计具有以下特点：

具有鲜明的目的性。节能、降耗、减污、增效，并与现代企业的管理要求相一致。

具有系统性。以生产过程为主体，从原材料投入产品改进，从技术革新到加强管理，设计了一套发现问题、解决问题、持续实施的系统而完整的方法学。

突出预防性。目标是要减少废弃物的产生，从源头削减污染物，以达到预防的目的。

符合经济性。减少废弃物的产生，意味着原材料利用率的提高，产品的增加，同时可减少末端治理费用。

强调持续性。逐步滚动持续进行。

注重可操作性。每一步骤均与组织实际情况相结合，审核程序是规范的，但方案的实施则是灵活的。

④制定合理的排污收费政策，做好排污收费工作。

A. 等量负担。即要求污染者要负担治理污染源、消除环境污染、赔偿污染损害等全部费用。

B. 欠量负担。污染者只负担治理污染源、消除环境污染、赔偿损害等部分费用。这主要根据国情，考虑到污染者的支付能力，我国现行的 PPP 原则实际上是欠量负担。

C. 超量负担。污染者须支付超过污染损失的费用。

排污收费作为污染物排放监督管理中的一种重要经济手段，是"污染者付费"原则的具体运用。排污收费是利用价值规律，通过征收排污费，给排污单位以外在的经济压力，促进其治理污染，并由此带动企业内部的经营管理，节约和综合利用自然资源，减少或消除污染物的排放，以实现改善和保护环境的目的。环境资源是有价值的，向环境排放污染物实质上是降低了环境资源的使用价值，排污收费标准在考虑经济发展水平的同时应考虑环境资源的应有价值。我国现行的排污收费标准大多低于污染物治理的费用，不利于促使企业认识到进行污染综合治理、减少污染物排放的必要性，致使不少企业出现宁可交费也不愿治理的现象。

2. 产品环境标志

（1）背景

环境标志是一种印刷或粘贴在产品或其包装上的图形标志。环境标志表明该产品不但质量符合标准，而且在生产、使用、消费及处理过程中符合环保要求，对生态环境和人类健康均无损害。

环境标志引导各国企业自觉调整产业结构，采用清洁工艺，生产对环境有益的产品，最终达到环境与经济协调发展的目的。环境标志以其独特的经济手段，使广大公众行动起来，将购买力作为一种保护环境的工具，促使生产商在从产品到处置的每个阶段都注意环境影响，并以此观点重新检查他们的产品周期，从而达到预防污染、保护环境、增加效益的目的。

20 世纪末，联合国环境规划署组织了一次"全球环境标志研讨会"。专家们归纳了各国环境标志计划的一些共同的基本特征：根据对产品类别进行生命周期考察，制定申报的标准；自愿参加；由利益无关的组织（包括政府）主持；受法律保护的图形或标志；对所有国家的申请者开放；得到政府的批准或认可（大多数国家如此而已）；能促进产品开发朝着大大减轻对环境危害的方向进行；定期回顾，必要时根据工艺和市场的发展调整产品的类别和标准。

（2）目标

推行环境标志制度的作用主要有以下三方面：

①倡导可持续消费，引领绿色潮流。

环境标志促使公众消费观念的变化，绿色消费逐渐成为当今消费领域的主流，推动了市场和产品向着有利于环境的方向发展。

②跨越贸易壁垒，促进国际贸易发展。

在保护环境、人类健康的旗帜下，国际经济贸易中的"环境壁垒"更加森严，各种产品若想打入国际市场，就必须让产品的"出生证"得到更广泛的认同。

③经济发展规律鼓励企业选择环境标志。

绿色消费已成为当代社会的新时尚，在这种条件下，企业可抓住机遇，开发有利于环境的产品，为企业的长远发展奠定坚实的基础。

（3）环境标志三种类型

类型Ⅰ，称为批准印记型（Seal of Approval）。这是大多数国家采用的类型，其特点是：自愿参加；以准则、标准为基础；包含生命周期的考虑；有第三方面认证。

类型Ⅱ，自我声明型。其特点在于：可由制造商、进口商、批发商、零售商或任何从中获益的人对产品的环境性能做出自我声明；这种自我声明可在产品上或者在产品的包装上以文字声明、图案、图表等形式表示，也可表示在产品的广告上或者产品的名册上。

类型Ⅲ，单项性能认证。无须第三方认证。这些单项性能有：可再循环性，可再循环的成分，可再循环的比例，节能、节水、减少挥发性有机化合物排放、可持续的森林等。

三种不同环境标志的出现是缘于不同的需要和市场，Ⅰ、Ⅱ型环境标志的出现是针对普通的市场和消费者，Ⅲ型环境标志是针对专业的购买者。由于三种环境标志采用的评价方法不同，在实施起来有巨大的区别：Ⅰ型的特点是要对每类产品制定产品环境特性标准，Ⅱ型是企业可以自己进行环境声明，Ⅲ型是要进行全生命周期评价，然后公布产品对全球环境产生的影响。

与世界上大多数国家一样，我国实施的环境标志制度属于类型Ⅰ。

（4）实施环境标志制度的基本方法

①确定授予环境标志的产品类别。

环境标志的产品类别由申请人提出，由主管机构审查确定。分类的原则是考虑同类产品应具有相似的使用目的、相当的使用功能并且相互间有直接竞争的关系。正确的产品分类对实施标志计划至关重要，不但要有充分的科学依据，还要兼顾消费者的利益。一般优先类别应是对环境危害较大而又有替代可能、消费者感到重要、工业界乐于支持、市场容量大的部分产品。每个级别类别中又可以细分为若干具体类别。被授予标志的产品类别名单需要定期审查，不断补充和修改。

②确定授予标志的标准和尺度。

通过产品类别后，就要根据这些产品生命周期各阶段对环境的影响，确定授予标准所应达到的要求。确定标准时还要注意标准应该合理明确，并采取通过或不通过的方式，使申请厂家一目了然。标准及尺度也要定期修改、提高。

③制定标准图形。

产品环境标志图形的设计既要简洁明快，又要含义丰富；既要显示民族特色，又要容易为国外消费者所接受。我国的环境标志图形是从数百份应征的设计中优选出来的，它由青山、绿水、太阳和10个环组成。其中心结构表示人类赖以生存的环境；外围的10个环紧密结合，环环相扣，表示公众参与，共同保护；10个环的"环"字与"环境"的"环"同音，寓意为"全民联合起来，共同保护我们赖以生存的环境"。

④环境标志制度的成效。

对于实施环境标志制度带来的成效可从三方面加以评估：消费者行为的改变程度；生产者行为的改变程度；对环境的好处。

实践表明，实施环境标志制度确实可以提高消费者对产品环境影响的关注。不久前在瑞典第二大零售店对消费者开展了一次民意测验，约有85%的顾客表示愿意为环境清洁产品支付较高的价格。

目前环境标志正通过 ISO 14000 走向各国间的互认，走向全球一体化。

3. 产品生命周期环境管理的提出

（1）概念

生命周期评价（Life Cycle Assessment，LCA）是一种评价产品、工艺过程或活动从原材料的采集、加工到生产、运输、销售、使用、回收、养护、循环利用和最终处理整个生命周期系统有关的环境负荷的过程。ISO 14040 对 LCA 的定义是：汇总和评价一个产品、过程（或服务）体系在其整个生命周期期间的所有及产出对环境造成的和潜在的影响的方法。LCA 突出强调产品的"生命周期"，有时也称为"生命周期分析""生命周期方法""摇篮到坟墓""生态衡算"等。产品的生命周期有四个阶段：生产（包括原料的利用）、销售/运输、使用和后处理，在每个阶段产品以不同的方式和程度影响着环境。

生命周期评价又是产业生态学的主要理论基础和分析方法。尽管生命周期评价主要应用于产品及产品系统评价，但在工业代谢分析和生态工业园建设等产业生态学领域也得到了广泛应用。生命周期评价已被认为是 21 世纪最有潜力的可持续发展支持工具。在此基础上发展起来的一系列新的理念和方法，如生命周期设计（LCD）、生命周期工程（LCE）、生命周期核算（LCC）及为环境而设计（DfE）等正在各个领域进行研究和应用。

（2）生命周期评价方法

①生命周期评价技术框架。

SETAC 提出的 LCA 方法论框架，将生命周期评价的基本结构归纳为四个有机联系部分：定义目标与确定范围，清单分析（Inventory Analysis），影响评价（Impact Assessment）和改善评价（Improvement Assessment）。

ISO14040 将生命周期评价分为互相联系的、不断重复进行的四个步骤：目的与范围确定、清单分析、影响评价和结果解释。ISO 组织对 SETAC 框架的一个重要改进就是去掉了改善分析阶段。同时，增加了生命周期解释环节，对前三个互相联系的步骤进行解释。而这种解释是双向的，须要不断调整。

②目的与范围确定。

生命周期评价的第一步是确定研究目的与界定研究范围。研究目的应包括一个明确的关于 LCA 的原因说明及未来后果的应用。目的应清楚表明，根据研究结果将做出什么决定、需要哪些信息、研究的详细程度即动机。研究范围定义了所研究的产品系统、边界、数据要求、假设及限制条件等。为了保证研究的广度和深度满足预定目标，范围应该被详细定义。由于 LCA 是一个反复的过程，在数据和信息的收集过程中，可能修正预先界定的范围来满足研究的目标。在某些情况下，也可能修正研究目标本身。

目的和范围的确定具体说来应先确定产品系统和系统边界，包括了解产品的生产工艺，确定所要研究的系统边界。针对生产工艺各个部分收集所要研究的数据，其中收集的数据要有代表性、准确性、完整性。在确定研究范围时，要同时确定产品的功能单位，在清单分析中收集的所有数据都要换算成功能单位，以便对产品系统的输入和输出进行标准化。

③清单分析。

清单分析是 LCA 基本数据的一种表达，是进行生命周期影响评价的基础。清单分析是对产品、工艺或活动在其整个生命周期阶段的资源、能源消耗和向环境的排放（包括废气、废水、固体废物及其他环境释放物）进行数据量化分析。清单分析的核心是建立以产品功能单位表达的产品系统的输入和输出（建立清单）。通常系统输入的是原材料和能源，输出的是产品和向空气、水体以及土壤等排放的废弃物（如废气、废水、废渣、噪声等）。清单分析的步骤包括数据收集的准备、数据收集、计算程序、清单分析中的分配方法以及清单分析结果等。

清单分析可以对所研究产品系统的每一过程单元的输入和输出进行详细清查，为诊断工艺流程物流、能流和废物流提供详细的数据支持。同时，清单分析也是影响评价阶段的基础。在获得初始的数据之后就要进行敏感性分析，从而确定系统边界是否合适。清单分析的方法论已在世界范围内进行了大量的研究和讨论。美国 EPA 制定了详细的有关操作指南，因此相对于其他组成来说，清单分析是目前 LCA 组成部分中发展最完善的一部分。

④生命周期影响评价。

影响评价阶段实质上是对清单分析阶段的数据进行定性或定量排序的一个过程。影响评价目前还处于概念化阶段，还没有一个达成共识的方法。ISO、SETAC 和英国 EPA (Environmental Protection Agency) 都倾向于把影响评价定为一个"三步走"的模型，即影响分类 (Classify)、特征化 (Characterization) 和量化 (Valuation)。分类是将从清单分析中得来数据归到不同的环境影响类型。影响类型通常包括资源耗竭、生态影响和人类健康三大类。特征化即按照影响类型建立清单数据模型。特征化是分析与定量中的一步。量化即加权，是确定不同环境影响类型的相对贡献大小或权重，以期得到总的环境影响水平的过程。

根据 SETAC 和 ISO 关于 LCA 的影响评价阶段的概念框架，中国科学院生态环境研究中心建立了一个影响评价模型框架。该框架的基本思想是：通过评估每一具体环境交换对已确定的环境影响类型的贡献强度来解释清单数据。模型包括以下步骤：计算环境交换的潜在影响值，数据标准化，环境影响加权，计算环境影响负荷和资源耗竭系数。

⑤生命周期解释。

生命周期解释的目的是根据 LCA 前几个阶段的研究或清单分析的发现，以透明的方式来分析结果、形成结论、解释局限性、提出建议并报告生命周期解释的结果，尽可能提供对生命周期评价研究结果的易于理解的、完整的和一致的说明。根据 ISO 14043 的要求，生命周期解释主要包括三个要素，即识别、评估和报告。识别主要是基于清单分析和影响评价阶段的结果识别重大问题；评估是对整个生命周期评价过程中的完整性、敏感性和一致性进行检查；报告主要是得出结论，提出建议。目前清单分析的理论和方法相对比较成熟，影响评价的理论和方法正处于研究探索阶段，而改善评价的理论和方法目前研究较少。

四、工业企业环境管理的考核

(一) 工业企业环境污染综合考核指标的分类

加强企业环境管理，把环境保护的各项任务，用计划指标的方法落实到企业基层，并纳入国民经济计划指标中去，加以统一考核和统计，这是我国当前亟待解决的一大环境课题。

近年来，我国不少地方和部门的环境科学工作者，正积极地探索适合国情、切合实际的工业污染控制指标，并在这方面提出了有价值的思路和论述，为建立我国环境指标体系做出了有益的尝试。

根据污染考核指标的性质和功能，可将考核指标分为反映环境要素的单项指标和反映企业环境总概况的综合性指标两大类。按其性质、内容和作用，则可分成四类：

1. 环境质量指标

质量标准包括污染物排放标准、排放总量、环境卫生标准、城市大气及水域环境容量、工业"三废"排放与噪声合格率、单位产品排放指标（万元产值污染物排放量）、环境质量综合评价指标，以及各种表示污染量的标准和指标。

2. 环境管理指标

管理指标包括环保设备运转率、完好率、维修制度、"三同时"率、环保责任制、环保计划、统计制度的建立及下水道普及率。

3. 环境经济指标

经济指标包括单位产品用水量、水源循环利用率、"三废"回收利用率、资源综合利用率、能源消耗定额、原材料燃料耗用率、余热利用率、排污收费标准、污染罚款标准、环保治理投资的经济效益、物化劳动流失率、环保投资（占工业总产值、基建总投资或技术更新改造投资的比例、环保工程"三材"万元定额指标以及环保科研教育费用比例等）。

4. 环境建设指标

建设指标包括城市、工厂绿化率（按人口、面积计算）、工厂环境清洁程度、文明生产指标、环保机构自身建设（技术力量配备、监测设备能力）等。

从上述的内容可以看出工业企业环境污染指标体系的庞大、复杂。因此，一般只能根据条件的可能，选其急需而最关键的指标纳入国民经济计划，待创造了一定条件后，再逐步充实到指标体系内容中去。

（二）工业企业环境污染综合指标

制定工业污染物排放综合指标（以下简称"综合污染指标"），是用以考核工业企业环境保护工作的一个方面。只有有了统一的综合考核指标，才能使考核有可比性，才能实现将环境保护纳入国民经济计划中。

一般来说，一个企业总是同时排放几种污染物，因此，除了用分指标外，还将分指标合并成为综合污染指标，并以此方法来综合考核和评价某一企业的污染治理水平。通常考核的是大气和水两个要素，也可根据实际需要增加内容，进而把这些综合指标再综合成为一个企业环境污染总指标。

　　污染指标是以国家环境质量标准为依据，结合国内技术经济水平实际来考虑的，将综合污染指标值分为若干等级，作为环境保护计划的一个组成部分予以统计，有利于国家、地方生态环境保护行政部门对工业企业执行国家环境保护法和有关污染防治法进行监督评价。

参考文献

[1] 李理, 梁红. 环境监测 [M]. 武汉：武汉理工大学出版社, 2018.

[2] 曲磊. 环境监测 [M]. 北京：中央民族大学出版社, 2018.

[3] 陈井影. 环境监测实验 [M]. 北京：冶金工业出版社, 2018.

[4] 张存兰, 商书波. 环境监测实验 [M]. 成都：西南交通大学出版社, 2018.

[5] 刘音. 环境监测实验教程 [M]. 北京：煤炭工业出版社, 2019.

[6] 王晓飞, 伍毅, 洪欣. 环境监测野外安全工作指南 [M]. 北京：中国环境出版社, 2019.

[7] 王行风. 煤矿区地表环境监测、分析与评价研究 [M]. 徐州：中国矿业大学出版社, 2019.

[8] 刘琼玉. 全国高等院校环境科学与工程统编教材·环境监测综合实验 [M]. 武汉：华中科技大学出版社, 2019.

[9] 陈井影. 普通高等教育十三五规划教材·环境监测创新技能训练 [M]. 北京：冶金工业出版社, 2019.

[10] 焦连明. 海洋环境立体监测与评价 [M]. 北京：海洋出版社, 2019.

[11] 聂文杰. 环境监测实验教程 [M]. 徐州：中国矿业大学出版社, 2020.

[12] 王森, 杨波. 环境监测在线分析技术 [M]. 重庆：重庆大学出版社, 2020.

[13] 李秀红. 生态环境监测系统 [M]. 北京：中国环境出版集团, 2020.

[14] 白义杰, 潘昭, 李丰庆. 环境监测与水污染防治研究 [M]. 北京：九州出版社, 2020.

[15] 曲磊, 石琛. 环境监测技术汉英对照 [M]. 天津：天津科学技术出版社, 2020.

[16] 曾健华, 潘圣. 土壤环境监测采样实用技术问答 [M]. 南宁：广西科学技术出版社, 2020.

[17] 杜晓玉. 面向水环境监测的传感网覆盖算法研究 [M]. 开封：河南大学出版社, 2020.

［18］王海萍，彭娟莹. 环境监测［M］. 北京：北京理工大学出版社，2021.

［19］代玉欣，李明，郁寒梅. 环境监测与水资源保护［M］. 长春：吉林科学技术出版社，2021.

［20］李冰冰，匡旭，朱涛. 生态环境监测技术与实践研究［M］. 哈尔滨：东北林业大学出版社，2021.

［21］隋鲁智，吴庆东，郝文. 环境监测技术与实践应用研究［M］. 北京：北京工业大学出版社，2021.

［22］吴斌. 浙江省社会环境监测行业发展报告 2020［M］. 北京：中国环境出版集团，2021.

［23］张宝军，黄华圣，朱幸福. 大气环境监测与治理职业技能设计［M］. 中国环境出版集团，2021.

［24］殷丽萍，张东飞，范志强. 环境监测和环境保护［M］. 长春：吉林人民出版社，2022.

［25］李花粉，万亚男. 环境监测［M］. 2 版. 北京：中国农业大学出版社，2022.

［26］金民，倪洁，徐葳. 环境监测与环境影响评价技术［M］. 长春：吉林科学技术出版社，2022.

［27］张艳. 环境监测技术与方法优化研究［M］. 北京：北京工业大学出版社，2022.

［28］李向东. 环境监测与生态环境保护［M］. 北京：北京工业大学出版社，2022.

［29］刘作云. 环境监测·理实一体化教程［M］. 沈阳：东北大学出版社，2022.

［30］王晓东，张巍，王永生. 生态环境大数据应用实践［M］. 长春：吉林大学出版社，2023.